JN160992

フィールドの生物学―⑲

雪と氷の世界を旅して

氷河の微生物から環境変動を探る

植竹 淳著

東海大学出版部

Discoveries in Field Work No. 19
Exploring the microbial life on glaciers:
Snow and ice microorganisms show the environmental changes

by Jun Uetake
Tokai University Press, 2016
Printed in Japan
ISBN978-4-486-02000-4

口絵 1
消耗域から見たソフィスキー氷河（撮影：亀田貴雄さん）.
http://www.seppyo.org/~polar/photo/i_altai_2000_sofiyskiy_glacier.htm

口絵 2
ハーディング氷原から流れるイグジット氷河. 近年急速に氷河の末端は後退している.

口絵 3
末端から見上げる七一氷河.

口絵 4　赤紫色の色素をもった *Ancylonema nordenskioldii*（口絵17④）などが集まり，氷河の表面が黒く変化していた．このタイプはおもに氷河の下流に棲息していた（カナック氷河下流部・グリーンランド）．

口絵 5　氷河の表面は，茶色のクリオコナイト粒で覆われていた（七一氷河・中国）．

口絵 6　氷河の表面を埋め尽くすコケの集合体（氷河ナゲット）．クリオコナイト粒と同様に氷河のアルベドを低くし，融解を促進する（スタンレープラトー氷河・ウガンダ）．

口絵 7　氷河の上でつくられていた氷河ナゲットが，氷河の後退で岩の上に大量に取り残されていた（スタンレープラトー氷河・カナダ）．

口絵 8　直径約 1 mm の糸状のシアノバクテリアが集まってできた粒（クリオコナイト粒）に覆われて，表面が黒くなる氷河（カナック氷河・グリーンランド）．この影響で熱の吸収が高まり，氷の融解が促進されている．

口絵 9　基盤岩が赤い氷河から，融解水とともに鉱物が大量にフィヨルドの海水に流れこんでいた（カナック周辺，グリーンランド）．

口絵10　クリオコナイト粒に覆われた氷河の表面をサンプリングすると，下からまったく汚れていない綺麗な氷が出てきた.

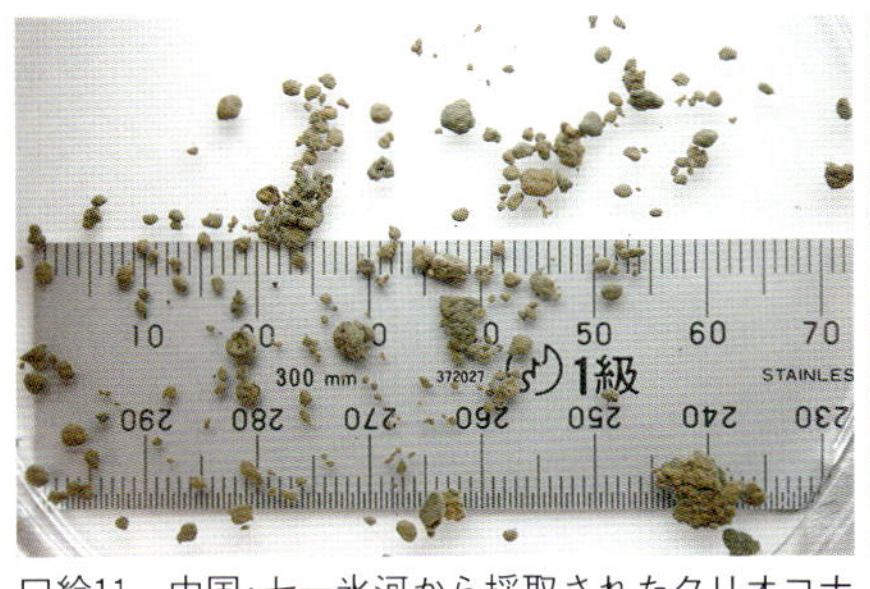

口絵11　中国・七一氷河から採取されたクリオコナイト粒. 周辺からのダストの影響で茶色く，ここでは直径数mmくらいまでに発達する.

口絵12　氷河周辺に飛来したダストストーム（砂嵐）. 視界が霞んで近くの山の形も見えなくなっている.

口絵13　ヘリコプターから見た雪氷微生物に覆われ黒くなっている氷河. 上空から見るとその影響力の強さを実感できる.

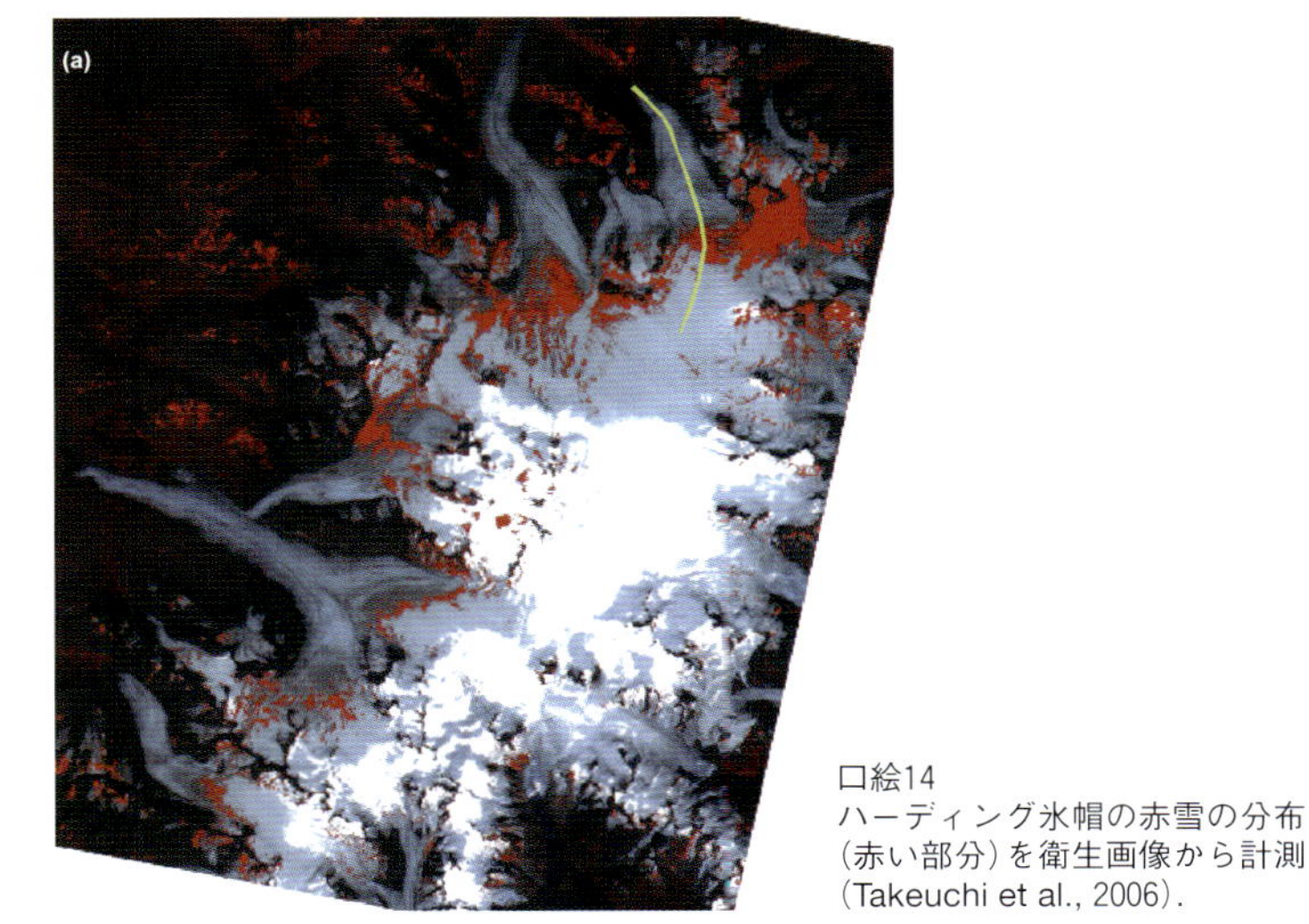

口絵14
ハーディング氷帽の赤雪の分布（赤い部分）を衛生画像から計測（Takeuchi et al., 2006）.

口絵15　一面に広がる赤雪. 赤い色素（アスタキサンチン）をもった雪氷藻類の大繁殖で雪が真っ赤に染まる（ハーディング氷原, アラスカ）.

口絵16　赤道直下のウガンダ, ルウェンゾリ山地の雲霧林（標高3,300m）. コケや地衣や熱帯特有の植物が生い茂り, 幻想的な世界を織り成す.

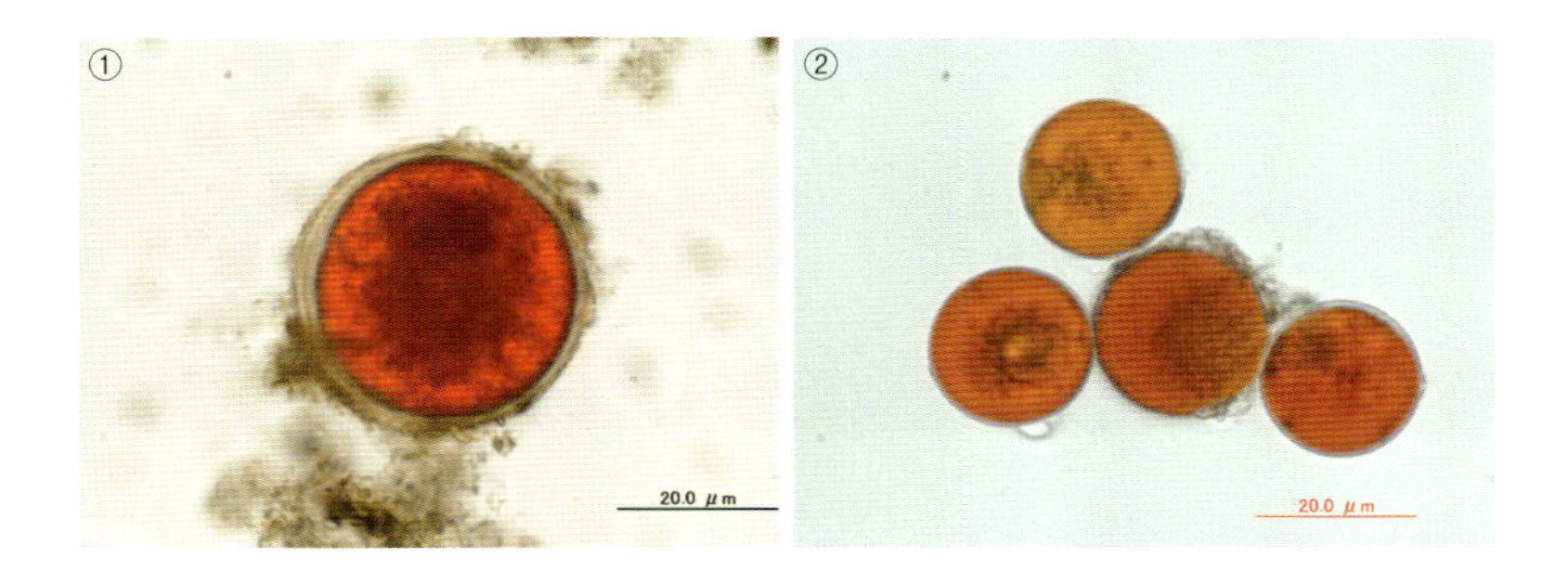

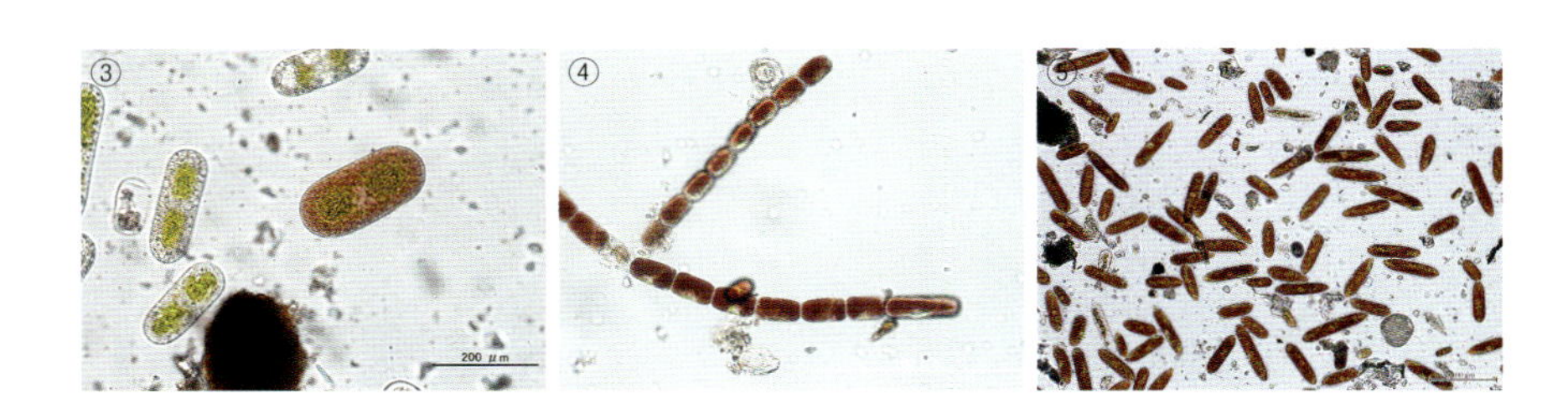

口絵17　カラフルな藻類.
①クラミドモナス科に属するルウェンゾリ山（アフリカ）の赤雪藻類. 世界各地でさまざまなバリエーションが知られる. ②クラミドモナス科に属するモチョ山（チリ）の赤雪を引きおこす藻類. ③典型的な雪氷藻類の一種 *Cylindrocystis brebissonii*（カコタック氷河・グリーンランド）. 世界各地の氷河から類似しているものが見つかる. ④同じく典型的な雪氷藻類の一種 *Ancylonema nordenskioldii*（カナック氷河・グリーンランド）. こちらも世界各地の氷河から類似しているものが見つかる. ⑤ *Ancylonema nordenskioldii* に近縁だがコロンビアで初めて見つけたタイプの緑藻（コネヘラ氷河・コロンビア）. これまでススで汚れていると信じられてきた氷河の汚れのほとんどが, この微生物だった. ⑥典型的な雪氷藻類の一種 *Cylindrocystis brebissonii*（スタンレープラトー・ウガンダ）. ⑦当初は緑藻かと勘違いしていたコケ（ヤノウエノアカゴケ）の無性芽. これらは植物体にはならず, 細胞が集まり氷河ナゲットと呼ばれる強固な集合体が作られる（スタンレープラトー氷河・ウガンダ）.

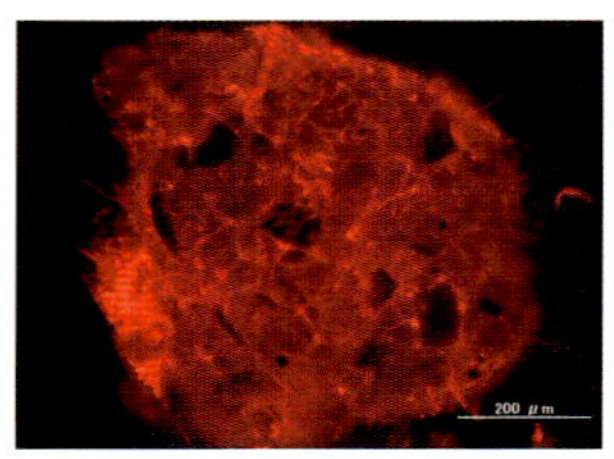

口絵20
蛍光顕微鏡で観察したクリオコナイト粒の骨格をつくっている糸状のシアノバクテリア（カナック氷河・グリーンランド）. これらが毛糸玉のように絡まり合って，クリオコナイト粒ができる.

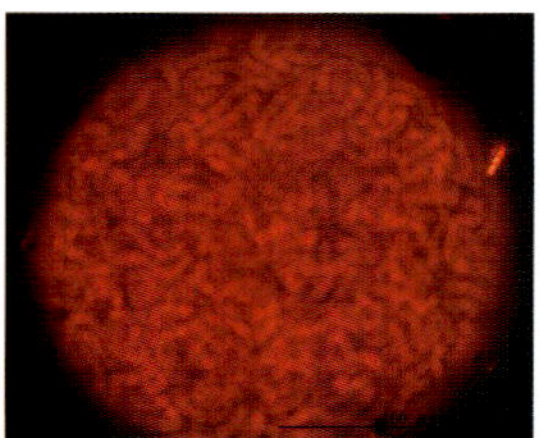

口絵19
蛍光顕微鏡で観察したノストック（*Nostoc* sp.）の群体. 一つひとつの細胞が数珠状につながるため和名はネンジュモ（念珠藻）と呼ばれる（カコタック氷河・グリーンランド）.

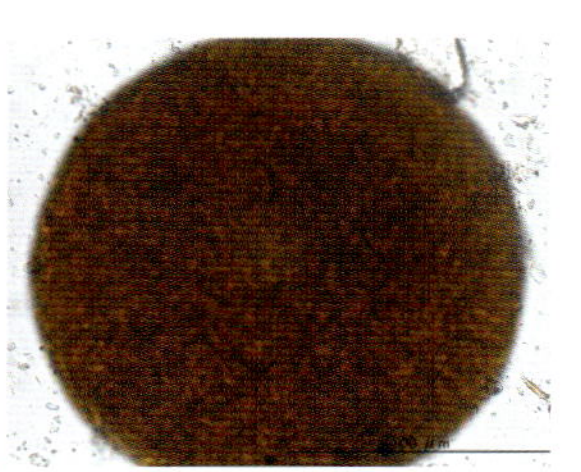

口絵18
窒素固定をするシアノバクテリア，ノストック（*Nostoc* sp.）の群体. 氷河に堆積する鉱物の色が赤いところで多く見つかる傾向にある（カコタック氷河・グリーンランド）.

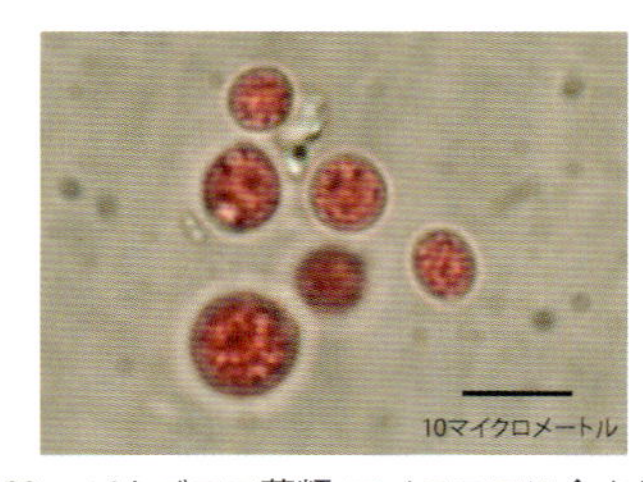

口絵22　パタゴニア藻類. アイスコアに含まれていた緑藻類の細胞（エリスロシンで染色）.

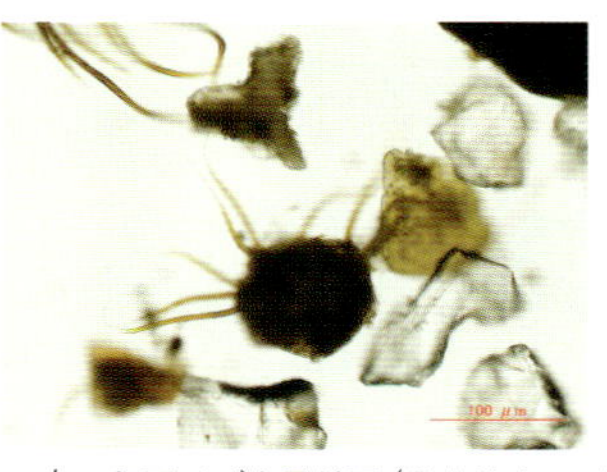

口絵21　太いシアノバクテリア（*Calothrix parietina*）が貫入しているクリオコナイト粒.

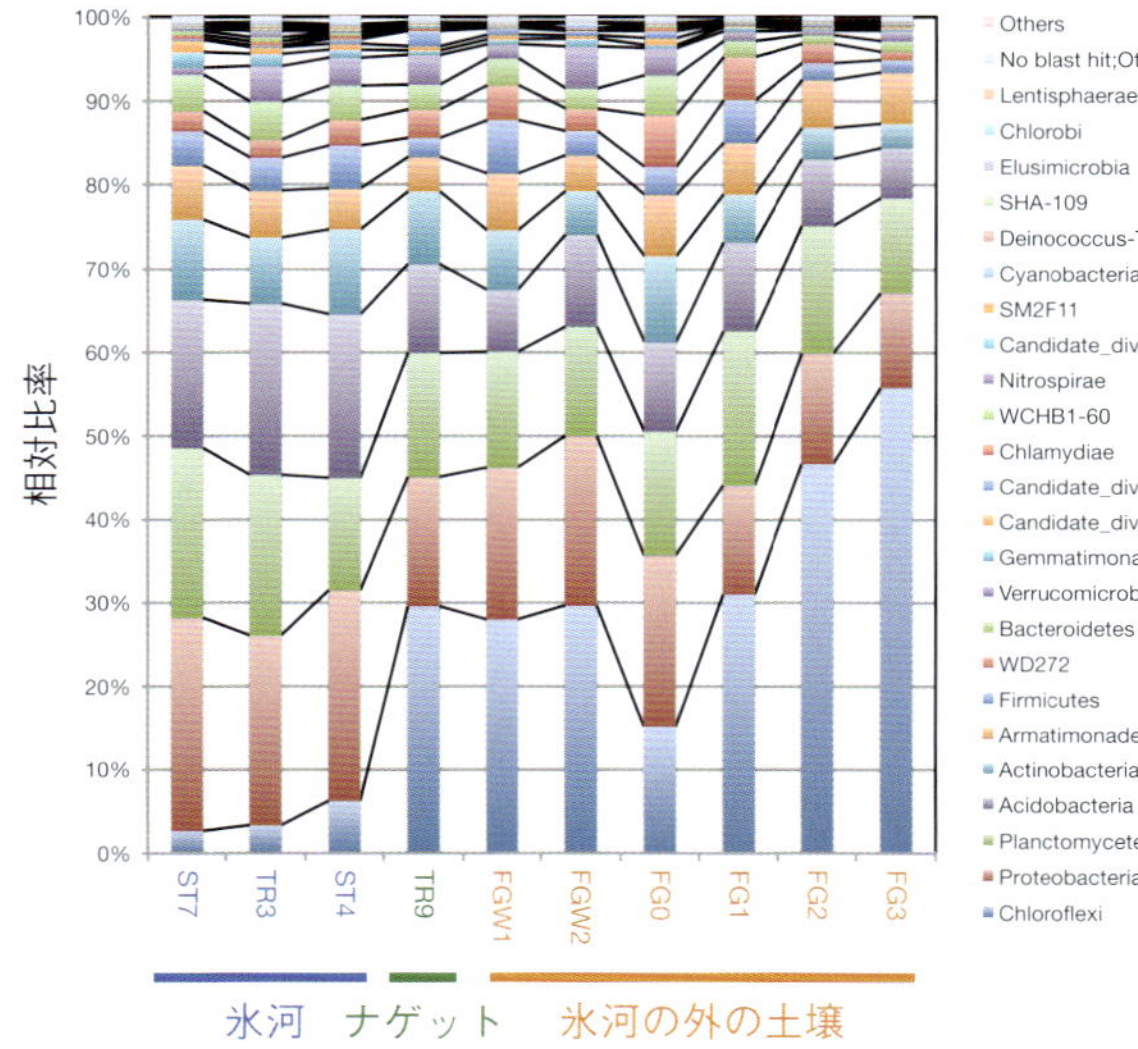

口絵23
カナック氷河中流部（QA4）の16S rRNA遺伝子に基づいた群集構造（門レベル）の比較（Uetake et al., 2016を改変）.

はじめに

地球の陸地面積の約十パーセントは、氷河や氷床といった一年中融けることのない大きな氷に覆われている。冬期にはマイナス何十度にもなる北極、南極の氷床の厚さは最大で数キロメートルを超える。一方で植物が鬱蒼と茂るジャングルが広がる赤道直下の熱帯地域であっても、ひとたび五千メートルを越える高山に登れば、ごくわずかであるが雪と氷に覆われた世界がある。

雪や氷の上は、ひじょうに冷たくて、とても生き物が棲んでいるようには思えない。しかし、こんな厳しい環境こそが、私たちが研究対象とする雪や氷の中で生きる生物（雪氷生物）が活躍するフィールドだ。そして、そこは雪氷生物を追い求める、私たち研究者の活動のフィールドでもある。

これまでに多くの機会に恵まれ、ふと気がついてみたらさまざまな雪氷生物を追い求めて各地を放浪していた。そして、まだよく知られていない雪氷生物が引きおこす不思議な現象を目の当たりにしてきた。真っ白いはずの氷河を辺り一面に黒く変化させて、巨大な氷床を融かしている藻類とシアノバクテリア。ほとんど極限の寒さなのにわずかな融け水で増殖していた酵母。赤道直下で見つけた不思議なコケの集合体。何もいなそうに思える氷の上には、じつに多様な生物が棲息している。その事実を、この足、この目で見つけてきた。

この本ではそんな、これまでによく知られていない、また誰も知らなかった不思議な生き物たちと出会うことができた、私の氷河への旅（そして言い換えれば私の人生の旅）の記録を皆さんにご紹介できたらと思う。

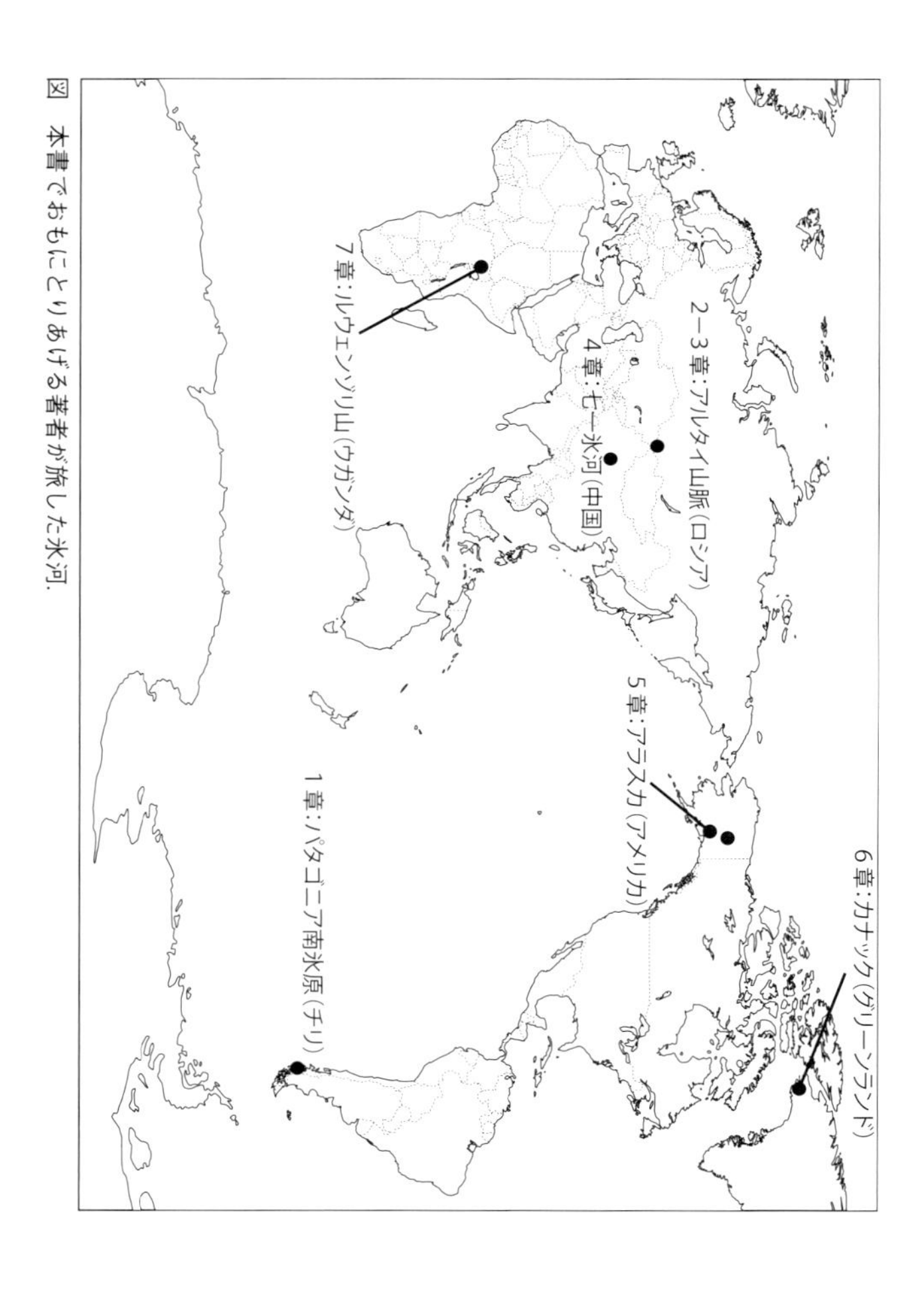

図　本書でおもにとりあげる著者が旅した氷河.

著者

目次

第3章　再びアイスコア掘削へ（ロシア・アルタイ山脈　後編）

第1章

雪氷生物学との出会い

（日本・東京）

出会い

雪氷生物との出会いは、すなわち幸島研究室との出会いでもあった。
二〇〇〇年四月、当時の私は大学学部の四年生。それまで明確な目的をもたず、きらりと光る何かを見つけることもなく、何となくダラダラと大学生活をおくっていた。そのせいで、自分が何をしたいのかもさっぱりわからず、卒業後の進路に正直悩んでいた。雰囲気に流されて何となく就職活動のようなものをしてみたものの本気になれず、「もっと何かを突き詰めてみたい」という気持ちがどこかにくすぶっていた。しかし、在籍していた東洋大学生命科学部では分子生物学のラボワークが多く、正直いって興味をもてる研究テーマは何もなかった。

私は高校時代、生物部で故郷群馬の山々を登りながら動植物の観察をおこなっていた。大学では夏山縦走、マウンテンバイクなどをしていた。そんなこともあり、なんとなく生態学というものには興味があった。悶々としていたある日、何か新しいものとの出会いを求めてパソコンに向かうと、〝生態学、山〟というキーワードをインターネットで検索した。

ほとんどは、なんとなく難しそうで、根本的に興味をもてないテーマのものが多かった。だが、あきらめかけていたときに偶然、東京工業大学、生命理工学研究科の幸島研究室という研究室を発見してしまった。どうも、世界中の山々に登って、氷の上で何やら生き物を調査しているらしい。おまけに、その他にもイルカや熱帯の野生生物の行動についても研究しているらしい。

雪山にイルカ。まったくよくわからない組み合わせだけれども、これを同時に研究してしまう人がいたのだ。それまで調べてきた生態学の研究室というと、全量○○グラムの○○が、生物活動によりこっちに○○だけながれて……と、数字で理詰めというイメージで、クールではあるが何か馴染める感じがしなかった。しかし、ここは直感的にびびっと感じるものがあった。海外の山に登って、青くてきれいな氷河に行けるかもしれない。そんなまだ見ぬ未知の世界の匂いが、濃厚に漂っていたからだ。

このホームページに釘付けになり、それほど社交的に動ける方ではなかった私が、興奮を抑えきれず研究室の主である幸島司郎先生（現・京都大学野生動物研究センター）に興味がある旨を、メールで伝えた。返事は、すぐにきた。研究で山に行くので忙しいから、それが終わったら研究室に来てみなさい、という趣旨であった。

研究で山に行くので急がしい？　これは本物の山男だ！　興奮を抑えきれず友人達に、劇的な出会いが起きた、その感動を伝えて走りまわった。

幸島先生にはじめてお会いしたのは、東急大井町線、大岡山駅に近い東京工業大学大岡山キャンパスのボロい研究室であった。先生の部屋は無造作に本が並び、学生部屋にはよくわからない生き物の骨やら皮やらがぶら下がっていた。

いろいろな氷河に行けるぞ！　と甘くささやかれ（同時に就職もまったく無いぞと言われた気がしたが、そんなことは都合よくすぐに忘れた）、おまけに研究室の雰囲気がやたらと自由で、先輩も親切に修士課程の入試対策について教えてくださった。こうなったらもう他に道など考えられない。

その後、他のどの研究室を見学することもなく、大学院入試までの限られた時間、入試のため毎日のように電話帳程の厚みのある分子生物学のバイブル（『細胞の分子生物学』という本：ニュートンプレス）を必死に勉強した。その結果、優秀な成績で大学院入学試験に〝補欠〟合格できた。衝撃の出会いから四ヶ月経った二〇〇一年八月のことだった。

暴風雪のパタゴニア

入学が決まったので、在籍している研究室で卒業研究をするよりも、これから進学する幸島研究室で卒業研究がしてみたい。このことを指導教官であった玉岡 迅先生と幸島先生に相談したところ、お二方とも幸島研究室で卒業研究をすることに同意してくださった。

そして、研究テーマとして与えられたのは、「パタゴニア南氷原アイスコア中の雪氷藻類の解析」であった。

このパタゴニアという地名は、とくに山好き、冒険好きにとってはきわめて魅惑的に響く。チリ領パタゴニアには天に向かって突き出したような先鋒が連なり、そして、どこまでも続く大氷原が南北に合計で約四七五キロメートルも続き、狂ったような風が吹き荒れる。大自然の驚異がむき出しになったような場所だからだ。これまでに多くの登山家、探検家たちを引きつけ、また、この地の過酷な気候は彼らを痛め

図1・1
掘削を実施したチンダル氷河の位置.

つけてきた。私が研究対象とすることとなった、サンプル採取調査もその例外ではなかった。

一九九九年十一～十二月、幸島さんと白岩孝行さん（北海道大学低温科学研究所　附属環オホーツク観測研究センター）をはじめとする日本人とチリ人（ジーノ・カサッサ博士）の混成チームにより、パタゴニア南氷原のチンダル氷河（図1・1）、上流部でアイスコアの掘削調査がおこなわれた（写真1・1）。

氷河の上流部では、雪が融けきらずに残り、積もった雪で年輪のような層が毎年できていく。アイスコアとは、この場所で、筒状のドリルを使って取り出せる、直径約七～十センチメート

写真1･1　チンダル氷河上流部のアイスコア掘削キャンプ．この後ブリザードでテントは破壊され，メンバーは雪洞生活を強いられる（写真：白岩孝行さん）．

ル程度の円柱状の氷のことをいい、（写真１・２）氷河のてっぺんで、まっすぐドリルで氷を掘ると、その円柱の氷には、過去に降り積もった雪の層が無数の横縞となって現れる。現れるといっても眼には見えないので（火山灰の層は目に見えたりする）、化学成分や安定同位体、そして微生物などの指標を使って見分けるのだ。

アイスコアは、過去から現在までの地球環境の変化とその状態を知るのにとても重要な研究材料だ。氷河の氷は、じつはもともと空中を舞って落ちてきた一粒の雪の結晶である。結晶が幾重にも積み重なり、重みで押しつぶされ、周りの他の結晶とくっつき、雪の層は徐々にしまって堅くなっていく。上に乗る雪の厚さが四十メートルくらいを超えると、やがて結晶が隙間の無いぐらいにぎっしりと詰まっていき、それはやがて氷となる。

雪の結晶は降り積もるのと同時に、その隙間に含まれていた空気や粒子なども、氷となる過程で閉じ込めてしまう。つまり、アイスコアとはただの昔の氷というだけではなく、

写真1・2
氷河をくりぬいてとれる円柱状の氷：アイスコア．写真はグリーンランド，NEEMサイトでとられた長いアイスコア．

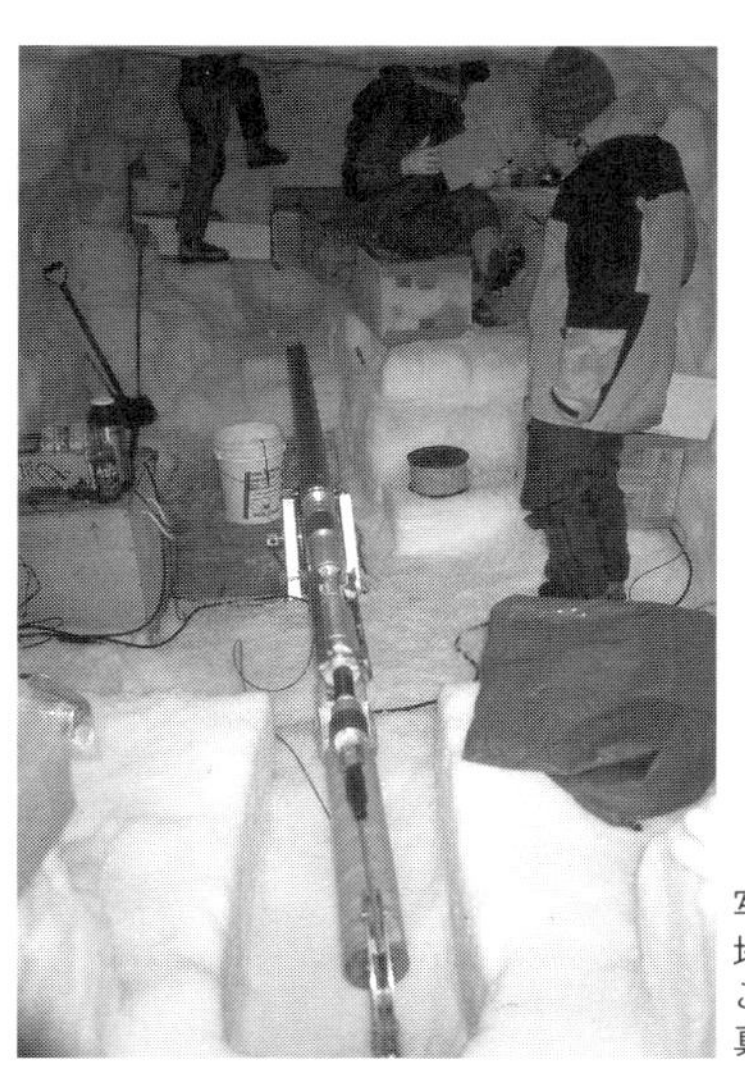

写真1・3
地上部を嵐に破壊されても，地下の雪洞にこもってアイスコア掘削が続けられた（写真：白岩孝行さん）．

昔の大気や粒子を冷凍保存し、いろいろな情報を詰めこんだ、タイムカプセルのようなものなのだ。この氷を使えば、過去何十万年という、遠い昔の地球の環境でさえも復元することができる。しかし、実際アイスコアを掘るのはとてもたいへんな作業である。

まず、氷が融けないような低温環境というのが絶対条件なので、場所は必ず極地か高山だ。アクセスするルートもないうえに、総重量一トンをこえる何十梱もの物資を運ばなければならない。それに加えて、パタゴニアの場合は天候が悪い。この掘削調査では、パタゴニア特有の猛烈なブリザード（暴風雪）で、風に強いはずのドーム型の山岳テントはことごとくつぶされてしまった。しかしそれでもあきらめず、雪の中に穴を掘って空間を作り、その中で生活しながらもアイスコアを掘削していたのである（写真1・3）。恐るべき執念である。最終的には調査開始時よりも三・五メートルも雪が積もっていて、命からがらチリ空軍にレスキューされたのであった。

突然分析をさせてもらうことになった試料が、じつはとんでもないフィールド調査から持ち帰られたものだった。しかし、お気楽な当時の私には、話は聞けど、まったくそのすごさを想像できてはいなかった。

氷河に生きる微生物

試験を受ける前からわかっていたことではあるが、じつは幸島研究室は学生の数でいうと、雪氷生物の研究室ではなく「動物行動学」の研究室であった。雪氷微生物を研究している一学年上の先輩一人をのぞくと、他七名の先輩は熱帯に棲む動物（マメジカ、オランウータン）、イルカ、熱帯魚など、氷河とはまったく無縁の動物を研究対象としていた。

これらの動物の基本的な研究方法は、動物園、水族館、野外での行動の観察と記録で、使用する機器は、ビデオや音声の録音に関するものがほとんどであった（この分野は、動物の行動をじっくりと読み解く、情熱と忍耐がないと、とてもやっていけない。興味のある方は、巻末の参考図書にある研究室のメンバーの著書をご覧ください）。

なので、私の研究は雪氷微生物学と一応は銘打っているものの、幸島研に上等な設備などなかった。使えるのは八畳程の小さな実験スペースにある、最低限にも満たない試薬と蛍光顕微鏡一台のみであった。

氷河という一年中残っている氷の上には、じつは寒いところが好きな生物（好冷性生物）がたくさん棲んでいる。ふつう氷河というと、青く透きとおる美しい氷を想像するかもしれない。確かにそんな氷もあるのだが、だいたいはボコボコしていたり、水でジャバジャバになっていたり、すす（煤）に覆われたかのように汚れて見える（口絵4）。この汚れて見える氷を持ち帰って顕微鏡でのぞいてみると、それまですすか、ほこりがたまったのだろうと思えたその汚れのほとんどが、微生物と微生物が作った有機物であることに気づく。そして逞がいいと緑、赤や茶色の色素をもったカラフルな藻の仲間（雪氷藻類）を見ることができる（口絵17）。

彼らは氷河上の生態系の一次生産者として、空気中の二酸化炭素を光合成で固定して、有機物を作り出している。そして、この有機物や細胞などは、これを餌とするバクテリアや菌類によってより単純な物質に分解されていき、一つの生態系が成り立っているのだ。

経験を積んだ今でも、汚れが少ない美しく青い氷河を訪れると、さすがに微生物がいないのではないかと不安になることがある。そんな場合でも、顕微鏡をのぞけばしっかりと彼らを観察でき、そのタフさに驚かされる。なので、どんな氷河でも若干の融け水さえあれば、この雪氷微生物という生き物が棲んでいる、そう断言できる。

では、アイスコアの中に入っている雪氷微生物を観察するといったい何がわかってくるのだろうか？

パタゴニアの研究では、この雪氷微生物を昔の環境を知るための手がかり（古環境指標）にしてみようという試みであった。とくに〝売り〟とされていたのは、微生物の情報から探る積雪層内での「過去の夏の層の位置」であった。

ちょっと前にも触れたが、アイスコアが掘られるような、雪が一年中融けずに積み重なる場所（雪氷学的には涵養域（かんよういき）という）では、毎年積った雪が、まるで年輪のような層を形成する。通常では、夏に値が高くなる水の酸素同位体比という指標を使うことで、気温の高い夏の層を毎年見分けることができ、過去の気温や一年間に積もった雪の量を知ることができる。

ところが標高の低い山岳氷河の雪や氷はひじょうに不安定で、これらを使うのが難しい。夏の強い日射と高い気温は、標高が高い山岳地であっても雪の表面を融かしてしまい、同時に雪に含まれていた有用な情報（酸素同位体や化学成分）も水といっしょに流してしまうからだ。

そこで注目されたのが、微生物だった。これらは眼で見えるほど大きくはないが、水分子や各種イオンよりも断然大きくて、雪の結晶の間に留まりやすい。なおかつ融ければ融けるほどに居心地がよくなって増えるかもしれない。この研究は、〝微生物を氷河の季節層の判別に使えるのかどうか？〟という試みであった。

驚異の年間涵養量

微生物は夏に増えるとは言ってみたものの、雪を融かしてぱっと見でわかるほど増えてはいない。なので、観察の前には見やすいように濃縮する必要がある。そのためには試料をフィルターの上に濾過して、のっている細胞を顕微鏡で観察しなければならないのだ。

フィルター上には、無数の細胞だか何だかよくわからないものがたくさん見えてくるのだが、これらを形や色などのタイプに分けて判別していく。当時何の予備知識もなかった自分には、何が観察対象なのかも正直よくわからなかった。繰り返し、繰り返し、一日顕微鏡を見て、同定（微生物の種類を判別することと）はできないがいくつかの種類の緑藻類が入っていることがわかってきた。大きさによってこれらを分けて（口絵22）、薄暗い部屋の中で一人、該当する細胞を見つけるたびに、カチリ、カチリとカウンターのボタンを押し続ける超地味な毎日をすごした。約二百サンプル：深さにして四五・六三メートル分の観察を黙々とこなし、やっと卒論の骨格となりうる、図１・２のようなデータをとることができた。

この研究の結果、約四十六メートルの積雪中には雪氷藻類の濃度が高くなる夏の層が、合計で三層あることがわかった（図１・２の灰色）。温度の指標となる酸素同位体などの他の結果もここで多いことから、この部分が夏の層であることを示していた。

しかし、そうすると四十六メートルも厚みのある雪に、二年半の積雪しか入っていない、つまり単純計算すると、一年で十五メートルほどの雪が積もるという、ちょっと信じがたい結果になってしまった。

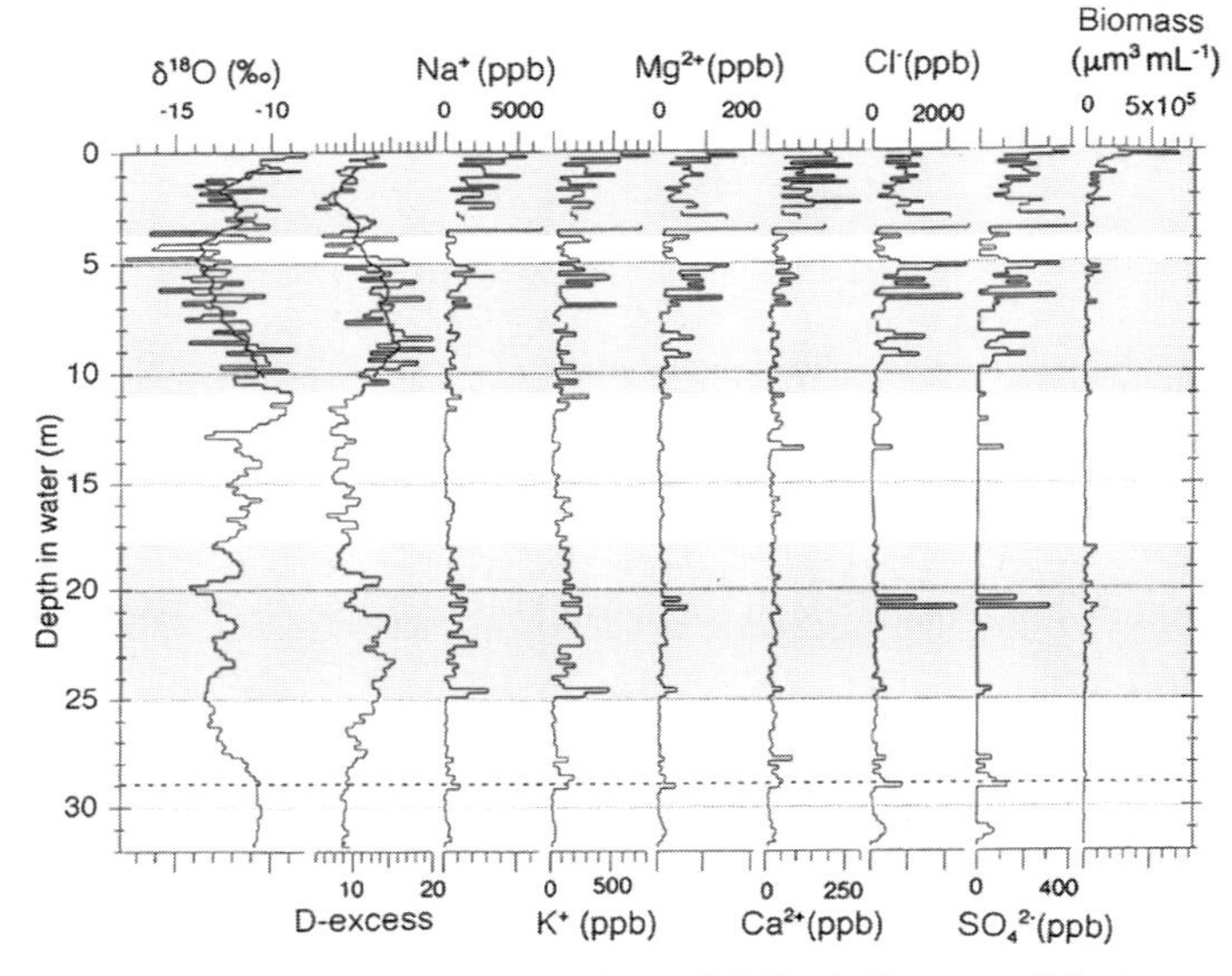

図1･2　アイスコア中の酸素同位体比，水素同位体比，各種イオンと藻類バイオマス（右端）の深度分布（Kohshima et al., 2007）.

一時的に積もる雪の量であれば、じつは日本だってそのくらいは積もっている。長野県と富山県の県境にある、北アルプスの室堂平では冬に十メートル以上の雪が積もって、春先には高い雪の壁の中をバスが通る観光名所（立山黒部アルペンルート）として有名である。しかし、日本のこの雪は、夏にはほとんど融けてなくなってしまう。一方で、パタゴニアでは融けずに残って、毎年その厚みを増していくのである。年間約十五メートル分の積雪は、およそビル四階分に相当する。卒業研究として突然加わることになったアイスコアの研究で、パタゴニア氷床では驚異的な積雪量があるという結果を示すことができた。

私たち研究者というのは、得られた結果を学術論文という形で専門分野に発表する。当時の私は日本語でこれをまとめるだけでも精一杯だったが、一連の結果は、白岩さん、幸島さんらにより氷河や気候変動研究を取り扱う専門誌に英語の論文として報告され（Shiraiwa et al., 2002 ; Kohshima et al., 2007）、私の方もこの勢いでしばらく山岳地のアイスコア研究と関わることになったのだった。

コラム：日本にも氷河があった！

氷河とは、流動する多年性の氷の塊であると定義されている（『新版 雪氷辞典』）。日本にも、北アルプスの高山域には一年をとおして融けきることがない〝万年雪〟が存在するが、これらは流動しないため氷河ではなく、雪渓であると長い間思われてきた。

これら雪渓が流れていたとしても、そのスピードはひじょうに遅いと考えられるので、これを正確に計測する技術がこれまで無かった。しかし、最近になり高精度のGPSを利用した数センチメートルの誤差での測量が可能になってきた（携帯などに入っているGPSは良くて±数メートルくらいの誤差を含んでいるので、数センチメートルというのはとても正確だ）。

富山県の立山カルデラ砂防博物館の福井幸太郎さんと飯田 肇さんらの精力的な観測の結果、富山県の立山や剱岳周辺の雪渓が、じつは動いており氷河であるということが明らかにされた（雄山東面の御前谷氷河、剱岳東面の三ノ窓氷河と小窓氷河の三つ：福井ほか、二〇一二）。

写真　日本に存在する三つの氷河（雄山東面の御前谷氷河，剱岳東面の三ノ窓氷河，小窓氷河）．http://www.tatecal.or.jp/tatecal/topic/glacier-photos.pdf より．

これらはどれも急峻な谷間に位置しており、積雪期に雪崩によって大量の積雪が堆積するものと考えられる。同様な地形は、北アルプスの他の地域にも見られ、現在観測が実施されているところだ。近いうちに、また次の氷河が日本から見つかることと期待される（写真）。

第2章
はじめての氷河観測
（ロシア・アルタイ山脈　アイスコア掘削）

こんにちは　ロシア

　卒業研究を終えて正式に幸島研究室のメンバーとなったある日、幸島先生が次なるミッションをもち込んできた。ロシアでアイスコアの掘削プロジェクトがあり、首から下だけ動くような人員を募集しているとのことだった。パタゴニアと同じく温暖域の氷河である。終わったばかりの卒研と同様のアプローチが使えそうだし、身体だけ動かすなら無能な自分でも大丈夫そうだ。それに雪の山に行ってみたくて研究室に入ったが、それまでは国内のフィールド（北アルプス立山周辺）しか訪れるチャンスはなかった。迷うことなど当然ない。「行きます」と即答した。

　当時のシベリアは、ロシア国内で大量の大気汚染物質が放出されているにもかかわらず、その汚染の実態がわかっていない空白地として認識されていた。そして過去数百年間の気候や環境変動に関する情報に乏しかった。そこで四千メートル級の山がそびえ立つ、ロシア連峰の南に位置するアルタイ共和国の山岳氷河で、アイスコアを掘って、空白のデータを埋めようという計画がたちあがった（藤井、二〇〇一）。

　このアイスコアプロジェクトは、文部科学省の科学研究費補助金の大型プロジェクトの一環で、国立極地研究所をはじめとして、その他多くの研究者が参加する大規模な遠征チームだった（隊長：元国立極地研究所所長　藤井理行さん、鈴木啓助さん、亀田貴男さん、河野美香さん、中澤文男さん）。私はメンバーの中で一番の年少者。途中から計画に入れてもらったので、計画概要もよくわかっていないうえに、現場仕事もラボワークもほぼ経験はゼロ。自発的に動くというよりは、言われたことをこなすのに常に精一杯

図2・1　2章，3章でアイスコア掘削した氷河．

であった。

それでも、初めて訪れるロシア・シベリア、そして高山の氷河とは、いったいどんなところなのだろう？　期待に胸がときめいていた。

私たちがめざす氷河は、ユーラシア大陸の真ん中、ロシア、カザフスタン、モンゴル、中国、これら四つの国境に接するアルタイ共和国のアルタイ山脈にあった（図2・1）。

まずは飛行機で新潟からウラジオストクを経て、タイガの中の大都市ノヴォシビルスクに到着する。ここから、旧式のバスでオビ川沿いにある町バルナウルを経て、どこまでも広がるソバ畑を突っ走る（写真2・1）。そして、また果てしなく続くタイガの平原を約六百キロメートル南下して辺境の小さな村にやっとたどり着く。そこから大型ヘリコプターに乗り換え、標高四千メートルを超える氷河にいっきに向かうのだ。

はじめてのロシアは見るものすべてが新鮮だった。街を行き交う人々、酒、タバコ、パン、衣類、化粧品などさまざまな日

写真2･1　バルナウルからバスとトラックで掘削サイト周辺まで移動した.

用品を売るキオスクが無数に並ぶ都市の町並み、悠々と真っ平らな平原を蛇行するオビ川の流れ、その周辺で水遊びを楽しむ人々、毎日見るものすべてが新鮮で、とてもワクワクしていた（写真2・2、写真2・3）。

途中のウラジオストックでは、短い夏を堪能するかのように、肌が白く、まぶしくて見ていられないほどの美女たちが、海辺で日光浴をしているのにカルチャーショックを覚えた。共同研究者の大学があるバルナウルでは、ビアガーデンに出撃し現地の若者とロシア語会話集を片手に、片言のロシア語を使って体当たりでコミュニケーションした。町で出合う人々に、にこやかに「ズドラーストヴイチェ（ロシア語でこんにちはの意）」と話しかけたくなる、そんな楽しい気分でいっぱいだった。

はじめての氷河へ

丸一日かかる長い陸路の旅の末にたどり着いたのは、アル

写真2･2　ノヴォシビルスクの地下鉄入口の広場．小さな商店がいくつも並ぶ．

写真2･3　バルナウル市内を流れるオビ川．地元の人々が短い夏を日光浴をして楽しむ．

写真2・4　アルタイ共和国の南にある山あいの小さな村，アクタッシュ．
この村からはじめての氷河調査に出かけた．

タイ山脈の谷間にある辺境の小さな村、アクタッシュ（写真2・4）。ここからヘリコプターを使ったオペレーション（略してヘリオペ）をおこなう。先にロシア人メンバーと共に氷河にあがり、アイスコア掘削機器とロシア人チームを予定どおりに降ろし、アクタッシュに戻った。それまでにヘリに乗ったのは、生まれ故郷の群馬で町民向けのフライトイベントがあって、数分乗せてもらったくらいだった。なので、何もしていないがとても緊張し、それだけでおおいに充実感があった。しかし、その後に引き続くはずだった日本人チームのフライトは、天候悪化によりキャンセルされてしまった。

ヘリオペの成否は、基本的にはお天気任せだ。麓がいくら晴れていようと山の天気が悪ければ、ヘリが飛ぶことはまずない。こうして数泊のはずが一週間ちかくも、村のはずれにあるぼろい木造一軒家で待つはめになった。自分のいるところはこんなに天気が良いのにと、やきもきしながらひたすら待つしかなかった。

写真2･5　アクタッシュ村の子どもがヘリコプターの出発の時に集まってきた.

ここはロシアとはいえ、モンゴル、中国との国境に近い。村人にはモンゴロイドの血が流れ、どことなく日本の田舎の子という雰囲気の子どもも少なくなかった。その日のフライトが絶望的であるとの情報が流れたあとには、気分転換に村に行ったり、近くの山に散策に行った。そうすると子どもたちによく出くわして、言葉はまったくわからないものの身振り手振りでコミュニケーションし、あっちに行ってみよう、こっちに行ってみようと誘われるがままにいっしょに遊んだ（写真2・5）。

村の子どもたちと遊びながら天候の回復を待っていたが、いよいよその時がやってきた。待ちに待った大型ヘリコプター（Mi-8）が村に飛来してきたのだ（写真2・6）。このヘリコプターは、とても大きく、ノーマル仕様でも長さ十八メートル、十トンもの荷物または二十二人もの人が乗ることができる。なので、アイスコアの掘削と処理に使用する荷物を、いっきにこの中に積み込むことができる。

薄い金属の扉を開けて中に入ると荷物に圧迫されて広い

写真2・6　突如やってきたヘリコプターに集まってくるアクタッシュの村人.

スペースはないが、小さな空間に身体がスポッと収まる。しだいに大きくなるエンジン音とローターの爆音で、胸の鼓動が早くなっていく。ヘリがふわっと浮いた。小さな窓越しから、好奇心に駆られ集まってきた子どもたちに手を振り、まだ見えぬ山の向こうにある〝私たちの氷河〟へと飛び立った。

アクタッシュを離陸して、蛇行する川を越え、シベリアマツの森林帯を超え、しばらくすると氷河に覆われた山々が見下ろせるようになる。そして、私たちが研究対象とすることになった氷河：ソフィスキー氷河（Sofiyskiy Glacier）が現れた（口絵1）。ソフィスキー氷河は全長約六キロメートル、標高はおよそ二五〇〇から三八六七メートルに位置し、一番厚い部分で氷は約二百メートルある。この氷河では、二〇〇一年の本調査に先立って、前年に日本、ロシア、ベルギーの研究者らで、掘削に向けた予備調査がおこなわれていた（藤井ほか、二〇〇〇）。

氷河の存在を強く意識して、間近で見るのはこれが初め

写真2·7　アイスコアの掘削サイトの遠景.

ての経験だった。グリーンランドや南極に行って巨大な氷床を見てしまった今となっては、長さ六キロメートルの氷河はとても小さく感じるが、当時の自分にはとてつもなく大きく、圧倒的な存在に感じられた。

氷河が流れる谷に沿ってヘリが進んでいくと、上流部の平らなところに、先行しているロシア人メンバーのテント群が小さく見えてきた。ここは標高三四五〇メートル。周りには真っ白な雪と山の黒い岩肌、私たちのテント以外に他のものはいっさい無い。ヘリコプターに乗って小一時間、完全なる異世界に到着したのだ（写真２・７）。

難航するアイスコア掘削

到着後、まず最初にとりかかった作業は、サイエンストレンチ（トレンチ＝細長い堀の意味）といわれる雪の下の低温実験室の設営だ。

まずはスコップで、幅二メートル、長さ十メートル、深さ一メートルくらいの溝を掘り、出てきた雪を両脇に積み重ねて高さ一メートルほどの壁を作る（写真2・8）。この上に角材を渡してビニールのシートをかけて屋根を作り、外側が完成する。ここに作業のためのテーブルを雪を削って作り、電源を引きこんで、機器などを並べて出来上がりだ（写真2・9）。

標高が四千メートルを超えているこの氷河の上でも、天気が良いと、雪面からの反射もあり、とても暑く感じる。よく晴れた日の屋外作業はTシャツでもじゅうぶんであるが、雪を掘り下げたこのサイエンストレンチの中の気温は低く、天然の冷凍庫といった感じだ。この中で私はアイスコアの保管、および諸々の作業をおこない大忙しとなるはずだった。しかし、受け入れ準備は整えど、肝心のアイスコアがまったく掘れてこなかったのだ。

アイスコアの掘削には動力で分けてみると、表面十メートルくらいを掘るだけの手掘りタイプのドリル、数千メートルまでも掘り進める機械式のドリルの二つがある。今回は、氷河の底まで深く掘ることが想定されていたので、もちろん後者の機械式が用意されていた。掘削を担当するロシア隊が用意してきたドリルは、極寒の極地用のドリルであった。極地用というだけで、なんだかとても性能が良さそうに聞こえるが、温暖なソフィスキー氷河ではまったく役に立たなかった（写真2・10）。

夏の強い日差しを受けたソフィスキー氷河は、雪が融けるか、融けないか、とても微妙な温度にある。日光浴するには心地よい温度だが、掘削には最低のコンディションだ。雪の削りカスが水になって電気の配線がおかしくなったり、またドリルの刃が氷にかまず（水が潤滑油のように働く）、滑ってしまったりろくなことが起きない。どちらも氷の融点（〇度）ギリギリの暖かい雪ゆえの問題であった。そのため大

写真2・8　アイスコアを処理するためのサイエンストレンチの壁面を作る(撮影：鈴木啓助さん).

写真2・9　サイエンストレンチ内で汚染を避けるための白衣に身を包み,掘られてきたばかりのアイスコアの処理をおこなう(撮影：鈴木啓助さん).

写真2・10　ロシア製の重厚なアイスコア掘削用ドリル．だが，不調によりまったく掘れなかった．

掛かりな装置が設置されていたものの、機械式で掘られたアイスコアは、残念ながら一つもなかった。

複雑な機械というのは、どこかが調子悪いとフィールドではまったく何の役にも立たない。こういう時に、最後に頼りになるのは人力だ。ロシア科学アカデミーのセルゲイ・アルキコフ博士とアルタイ州立大学の学生イワンが手掘りタイプのドリル（ハンドオーガー）を使って、人力でアイスコアの掘削を始めたのであった（写真2・11）。

手掘りでの掘削は、掘り進むたいへんさに加えて、引き上げがとてもたいへんである。深さが十メートルを超えてくると十キログラムはあるドリルとアイスコアを、深い穴から、落とさないように慎重に持ち上げなければならない。うまくいくと一回に五十センチメートル程掘れるので、二十メートル掘るのならば単純に最低で四十回、実際は短かったり上手くいかなかったりするので、それ以上の往復運動をしなければならない。しかし彼らは、いとも簡単に二十五・三メートルのアイスコアを掘削してくれたのだった。アイスコアを待

写真2・11　ハンドオーガーでアイスコアを掘り続けるセルゲイとイワン.

っていた、サイエンストレンチでの私の作業も無事に開始となった。

氷の上の実験室

サイエンストレンチでの作業は、入口手前側から流れ作業でおこなわれる。五十センチメートルくらいの長さのアイスコアが運ばれてくると、まず、全体の写真撮影とヒビの位置などをざっと記録する。これは後ほどの解析の基本情報となるばかりでなく、目視でも観察できるような鉱物の量が多い層などを現場で見極めるのにも役に立つ。

この後の処理は、袋に詰めて冷凍でもち帰って、ラボでゆっくりとていねいにするのが理想だ。しかし、ソフィスキー氷河の場合は、オペレーションの都合上、冷凍でもって帰ることができなかったので、その後の処理もすべて氷河の上でやってしまう方針であった。

基本的な観察のあと電動ノコギリ（バンドソー）で氷を数

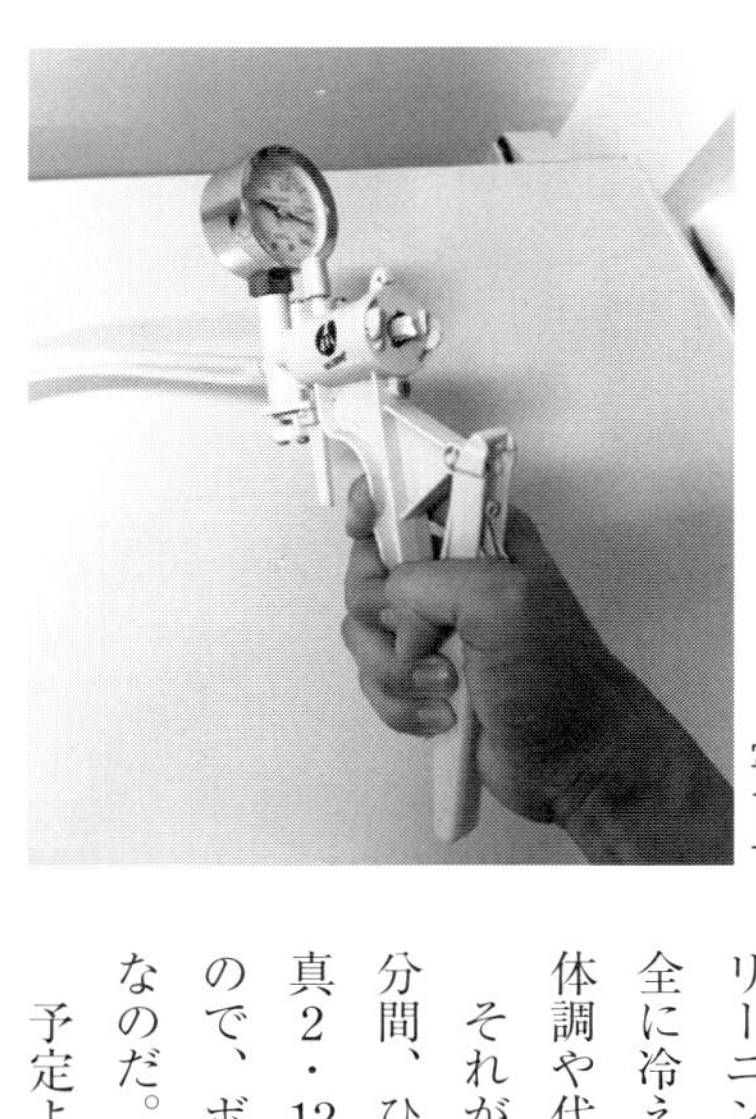

写真2・12
アイスコアの濾過に使ったハンドポンプ.
一日中ひたすら握って離してを繰り返した.

センチメートルに輪切りにして、表面のゴミをナイフでかるく削って除去。これをきれいなビニール袋に入れて融かして、不純物を濾過。ボトルに詰めてサンプルの出来上がりだ（写真2・9）。

言葉にするとじつにシンプルだが、この作業が地味につらく、そして時間がかかる。バンドソーで輪切りにするところまではまあ良いのだが、包丁とアイスコアをそれぞれの手に持ち、表面の氷とゴミを軽くなぞるようにシュッ、シュッと削りとるクリーニングの作業がつらい。一日に数十個も処理すると手は完全に冷えるし、腱鞘炎にでもなりそうなほど、手首が痛くなる。体調や代謝も関係してきて、午前中はとくに冷えやすい。

それが終わると、ハンドポンプで試料が濾過されるまでの十分間、ひたすらレバーを握って、離してを繰り返し続ける（写真2・12）。分析項目にあわせて四種類の違うボトルに入れたので、ボトルにサンプル番号を書くのも、入れるのもやっかいなのだ。

予定よりずいぶん短くなってしまった二五・六メートルのア

イスコアでさえも、サイエンストレンチはフル回転で、夜中まで作業しなければならない日もあった。予定どおりに掘れていたら、いったいどうなっていたのだろうかと、いまさらながらに思う。

高温の凍傷

トレンチ内は氷が融けないようにマイナス数度に保たれているが、防寒をしている身体にはまったく寒くなく、むしろ暑いくらいだ。しかし、アイスコアを削っていると手の指先は冷えきって、何時間も氷の上で動かず立ちっぱなしで作業をしていると、靴の中はじんわりと汗で湿って、足先は冷えていくのだ。寒い氷河では何も感じなかったが、暖かい下界に下りたあと、足の指先に激痛が走った。血が通っていなかった毛細血管に、いっきに暖かい血が流れ込もうとしたからだ。痛みのせいで、靴もしっかり履けず、ろくに歩くこともできなかった。最年少で、撤収の肉体労働を率先してやるべき立場であったのだが、作業を手伝えず申し訳ない気持ちばかりが残った。

帰国後、医者にいくと凍傷の手前のような状態で、重度のしもやけと診断された。凍傷というと、過酷な雪山で風雪に打たれてなるものかと思っていたのだが、油断すると〇度に近い温度でも深刻なことになりかねないことを実感した。その後、半年以上は指先の感覚がなく、色も白っぽかったが、幸いにも今では何ともない。

経験を積んだ今では、動きの少ない立ち仕事の多い氷河の現場では、なるべく靴の中は乾燥した状態を

写真2・13　狭いテントの中で食事も宴会もこなす（撮影：鈴木啓助さん）.

キープさせることを心がけている。そのために予備の靴下と防寒靴を惜しみなくもっていき、頻繁に交換、乾燥させることがとても重要だ。

ウォッカとピクルス

いかにアイスコア掘削が不調であろうとも、われらがロシアメンバーは夜になればビールとウォッカで宴会だ（写真2・13）。基本、みんなおじさんなので、夜はよく飲む。ダラダラと飲んでいると突然誰かが立ち上がり、演説のようなものが始まる。言い終わると、みんなでいっせいに乾杯。これが暗黙の地元ルールだった。調子にのって飲みすぎて、雪の穴に落ちそうになりながら、フラフラでみんなの寝ているテントに戻った。

ウォッカの味以上に、脳裏に焼きついているのはピクルスの味だ。ロシアメンバーを観察していると、みんな乾杯の後は、すぐにカリッとピクルスをかじっている。見よう見まねでやってみると、カーッとを舌に残るウォッカの刺激が、酸っぱいピクルスで中和され、とても爽やかだ。いや、酸っぱいだけではない。何かがこれまで食べてきたピクルスとは決定的に違う。瓶の底に沈んだハーブ（ディル）の風味がふつうよりも断然強いのだ。そういえば、街の小さなレストランの食事にもふんだんにディルがのせられていた。

帰国後に日本に輸入されているピクルスをいろいろ試したが、あのロシアの味を再現しているピクルスには出会っていない。そんなことを思い出していると、ロシアのスーパーで売っている、あちらではふつうのピクルスがとても恋しくなる。

さらば　ソフィスキー氷河

厳しいような楽しいような十一日間はあっと言う間に過ぎ去り、いよいよ氷河を去る時がやってきた。慌ただしく荷物をまとめ、ヘリが迎えに来るのを待つ。戻るのに合わせて、ロシアとモンゴル国境付近で今後の調査候補となりうる氷河の視察に行くことになっていたので、初めての氷河との別れよりも新たなミッションに参加することへの緊張の方が強かった。

ヘリが迎えに来る時はいつも決まって慌ただしい（写真2・14）。天候が急変して、離陸できなくなってしまっては、おしまいだからだ。ヘリが着陸してローターが止まると、集めてあった荷物を無我夢中で機内にぼんぼん放り込む。息を切らしたまま狭い機内に乗り込むと、すぐにエンジンがかかる。ふわっと

写真2･14　撤収のため目前までやってきたヘリコプターを待ち構える．

写真2･15　ロシアとモンゴル国境付近の氷河でサンプリング．うしろにウコク高原が広がる．

機体が浮き始めると少しだけ緊張の糸がほぐれる。

ソフィスキー氷河をあとにして、氷河を取り巻く白い峰々を超えて南に向かうと、そこは一転して茶色の大地が広がっていた。ここはウコク高原と呼ばれる乾燥して植生もまばらな高地だ。このすぐむこうにはモンゴルとの国境がある。先ほどまでの山が連なる地形とは一転して、大きな丘のような緩やかに盛り上がった茶色い山がめだつ。そしてその上には、真っ白な氷河がのっぺりと横たわっていて、そのうちの一つに降り立った。

ここでも時間の余裕はあまりない。ヘリコプターが着陸し、ローターが止まると同時に金属の扉を開け放って、ヘリの影響の少ない、百メートルほど離れた場所までダッシュした。そして、大急ぎで氷を採取して、再びヘリコプターまでダッシュして戻った（写真2・15）。ヘリコプターのフライト代金はだいたいどこでも一時間百万円くらいとかなり高額だ。なるべくチャーターする時間を短くしないと、あとで請求書が怖い。

花粉がしめす季節の層

街に戻ると、重度のしもやけで痛む足を引きずりながら、荷物の整理などをして、関係者一同でお別れパーティーを開いた（写真2・16）。日本に帰国すると、いよいよ分析のスタートだ。私が担当する生物の分析は、基本的には前章のパタゴニアのときと同じく、微生物の地味な顕微鏡観察である。しかし今回

写真2・16　帰国前に調査メンバー一同でお別れ会を開いた（撮影：鈴木啓助さん）.

は、雪氷藻類以外にも同じく光合成をする生物であるシアノバクテリア、バクテリア、そして菌類や花粉など、氷に含まれている〝すべての生物〟を環境復元の情報としようと意気込んでいた。

私の分析と同時に他の成分の分析も進められていた。極域で気温の指標として使用される酸素同位体比は、やはりここでは季節指標として利用するのは難しいことがわかってきた。最大の理由は、また暖かい氷にあった。アイスコア掘削の穴に、温度計を入れて計測した氷内部の温度は、深さ八メートルまで融点温度の〇℃で、その下の温度もほぼ〇℃に近かった（Kameda et al., 2003）。水という物質が固体から液体に移り変わりつつあるひじょうに不安定な状況なのだ。内部がこのような状況なので、雪の表面部分はすでに融けて、もともと含まれていた同位体の情報も流されてしまっていた。

そこで代わりに季節のマーカーとして着目したのが花粉だ。この氷河からは木本のマツ科と草本のヨモギ類の二種類の花粉が見つかった。これらの直径は約六十～百マイクロメートル（マイクロメートルは千分の一ミリメートル）くらいと眼には見えないが、氷河上にある粒子としては比較的大きなものなので、雪の結晶の間に溜まって、融解水で流されてしまう影響が少ないと考えられた。また花粉は飛ぶ時期に季節性がある。花粉症の方なら嫌でも経験的にご存知だろう。この季節性を使えば、花粉が入っている昔の積雪層のおおまかな季節が判定できるわけだ。

積雪表面の分析から、この地域ではマツ科の花粉は春に多く、ヨモギ類は秋に多いということがわかってきた。春と秋の層に挟まれた層が融解期ということになるのだが、この期間（層）には狙いどおりに雪の上で増殖した雪氷微生物が多く含まれていた（図2・2）。なかでも光合成をして増殖する雪氷藻類をみてみると、ちょうどマツ科の花粉の位置と一致していた。つまり春に積もったマツ科の花粉の積雪層が、融けながら夏の間もずっと表面に露出していて、後から同じ層で藻類が増殖していたのだ。

季節マーカーとして花粉のみ、雪氷生物のみに着目すると、それだけでは季節の判別が難しい年もありそうなので、これらを組み合わせてみることにした。そうすると両方のピーク（値が高いところ）が出ているところを夏の層として、積雪層に残された年の層を数えていくと、二十五・一メートルのアイスコアには一九八五年から二〇〇一年の約十六年分の積雪が含まれていることがわかった（図2・3）。そうすると一年間に積もった雪が、融けきらずに残った量（質量収支）を単純に計算できる。雪には多くの空気が含まれているので、雪の密度を考慮して水の量（水当量）として見積もってみると、質量収支は平均で

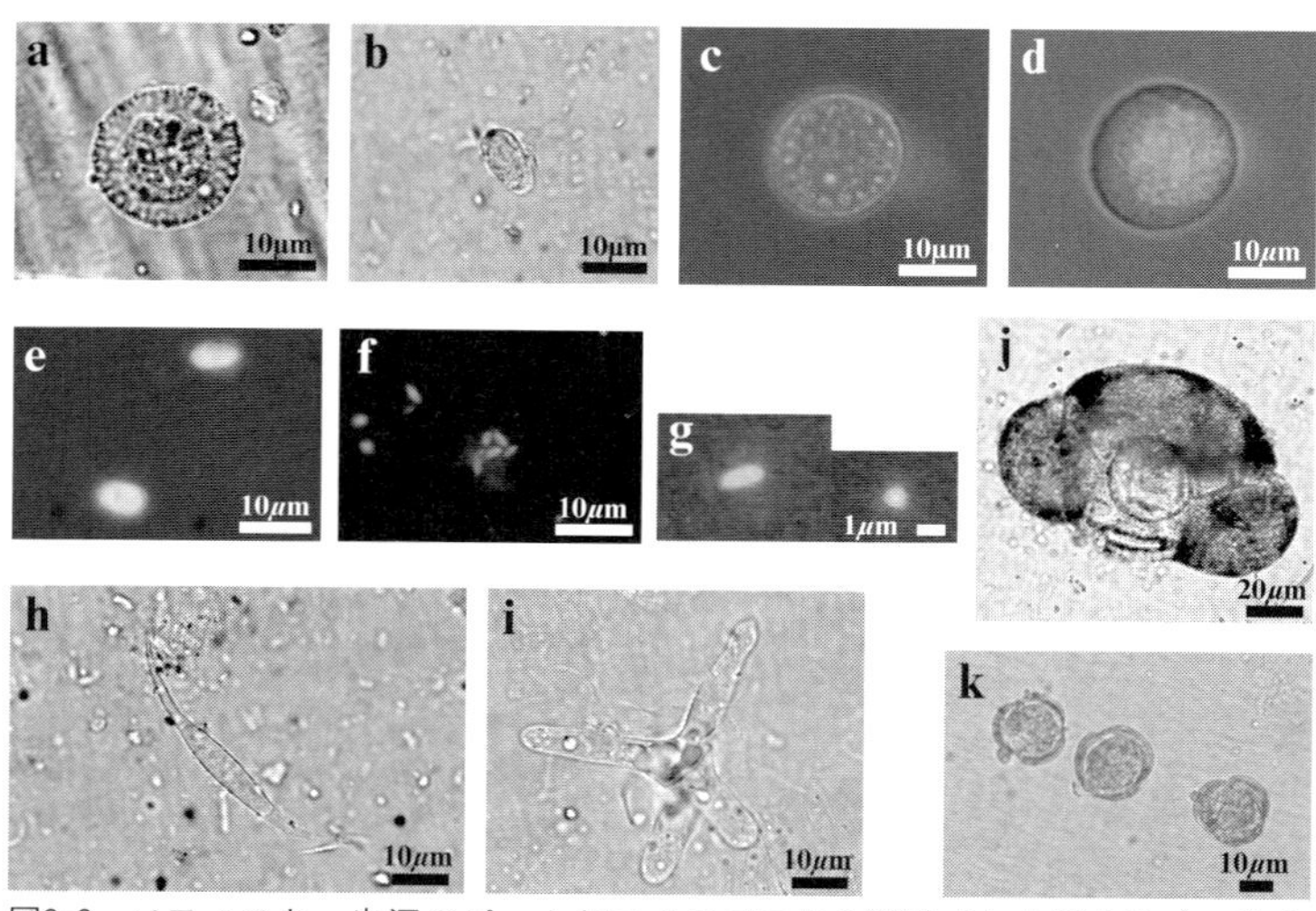

図2・2　ソフィスキー氷河のピットとアイスコアから観察された微生物（a〜i）と花粉（j, k）（Uetake et al., 2006a）.

一・〇一メートル、少ない年は〇・五八メートル、多い年で二・二七メートルとなった。乾燥した場所にしては、そこそこの量の水（東京の降水量の半分くらい）が積み重なっていっていること、この量は年によってばらつきがあることが初めて明らかとなってきた。

チオナスター・ビコルニス

微生物の中には、その形状から個人的にとても興味をそそられるものもいた。菌類（水生不完全菌）の胞子とされているチオナスター・ニバリス（*Chionaster nivaris*）とビコルニス（*C. bicornis*）という微生物である（図2・2h、i）。X状と水牛の角ような形をしたこれらは、顕微鏡をのぞくとひときわめだつし、なんだかよくわからないけど私にはかっこいい名前に感じられた。日本の積雪からも

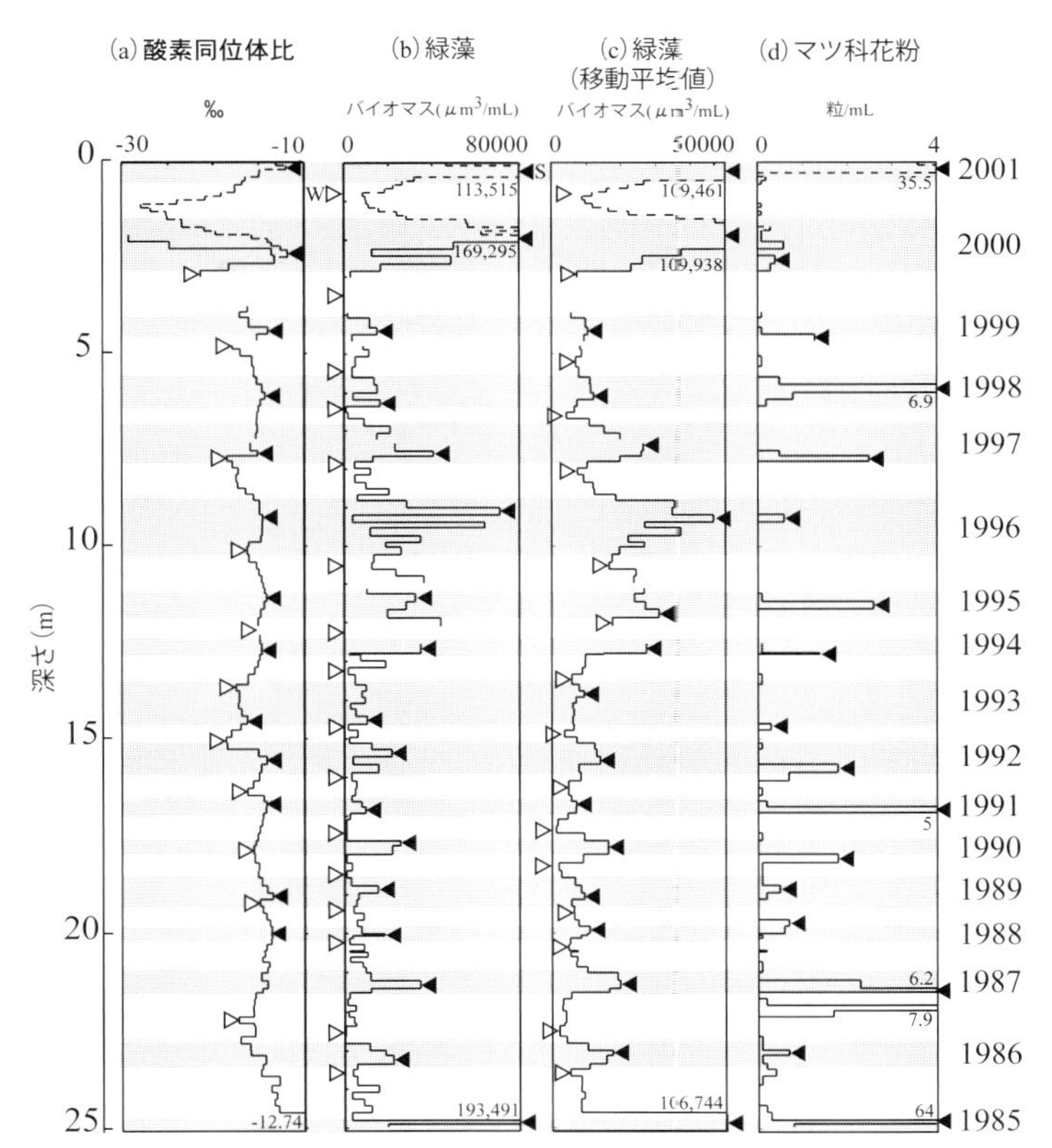

図2･3　ソフィスキ氷河から採取されたアイスコア中の酸素同位体比，緑藻のバイオマス，マツ科花粉の濃度の変化．緑藻の移動平均値と花粉のピークがひじょうによく重なり，季節マーカーとなる（Uetake et al., 2006a を改変）．

報告されていて、残雪の残る春に山スキーがてらに樹林帯の水気の多い雪を採ってくると、かなりな確率で入っていて、何となく親しみもある。

ソフィスキー氷河のアイスコアでは、チオナスター・ビコルニスの年変動は、近くの村で記録されていた日最高気温の変動と関連性がみられた。つまり、気温が高くて融け水が多いと増殖しやすいということだ。確かに日

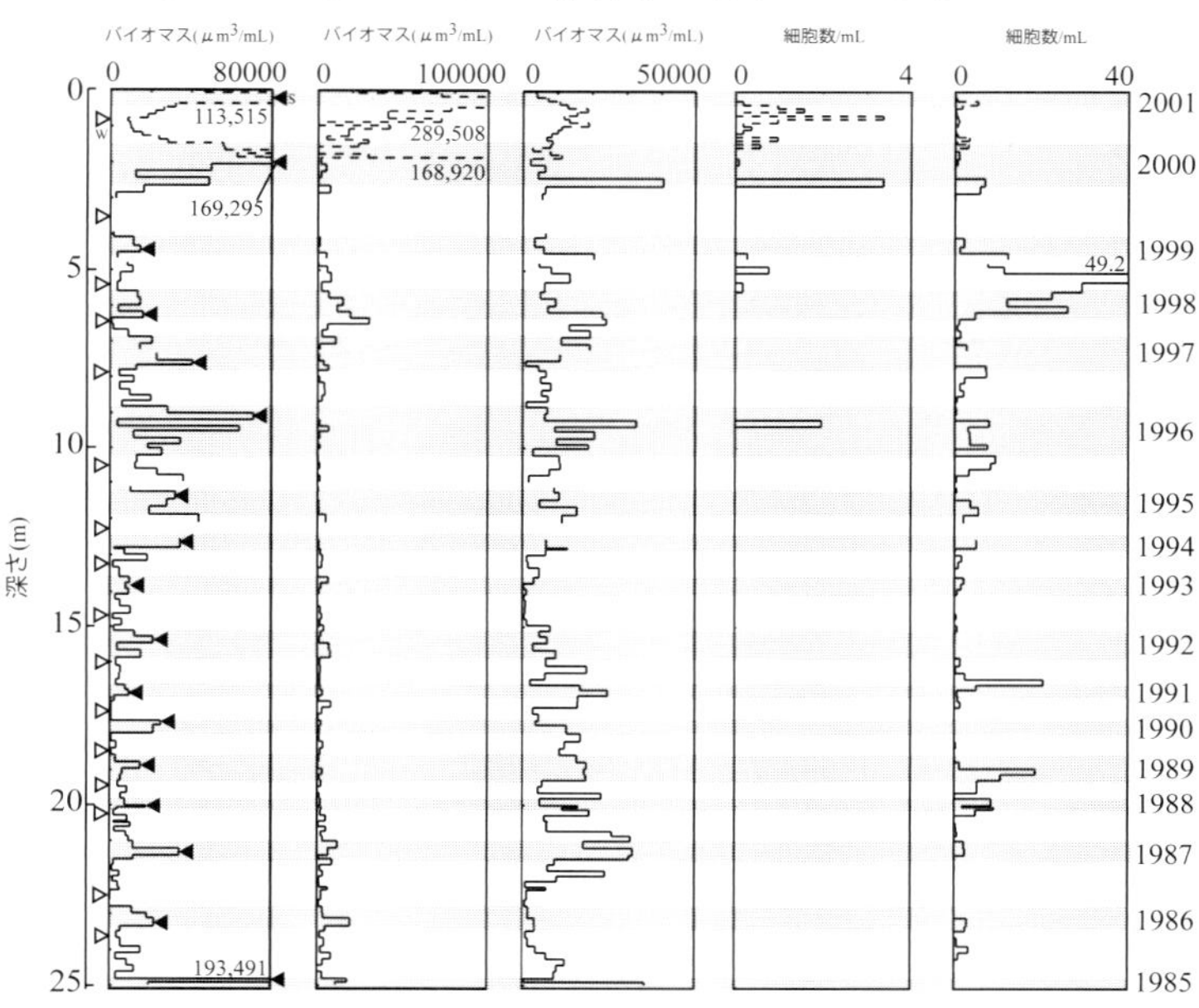

図2・4　アイスコア中のその他の微生物のバイオマス，細胞数の変化（Uetake et al., 2006aを改変）．

本でも雪が少し窪んで水や粒子が溜まりやすいところに多い傾向がある。しかし、これらは分類的にも、生態的にも不明な点が多く残されている。世界でこれらに注目している人は相当少ないと思われるので、マニアックであるが、彼らの生きざまをいつか突き詰めなければならないと思っている。

この氷河ではバクテリアも多数観察できた（図2・4）。その分布は、何らかの季節性を示していた花粉、緑藻類、菌類とは異なり、とても不規則だった。一見何も情報はなさそうに見えたが、深度の分布をよくみると、どうも融け水で流されていたのではないかと推測できた。バクテリアはこれまで話してきた微生物よりも細胞のサイズは十分の一から三十分の一程度で小さい。このことが、融け水に満ちた雪の結晶の間を移動しやすくなってしまった原因ではないかと考えている（Uetake et al., 2006）。

当初は過去数百年の気候変動をカバーするという予定だったので、初めての氷河のフィールドワークは結果としてあまりうまくいかなかったといえる。しかしその反面で、限られた試料の中、花粉や雪氷微生物などの生物的な指標が、この地域のアイスコア研究で十分に使えることを実証できた。

ソフィスキー氷河を対象とした研究は、予算の都合もあり前年とこの年の調査で終了した。しかし、はたすことができなかった同地域でのアイスコア掘削の夢は、その後、他のプロジェクトに引き継がれた。幸いにも研究人口が少なかったためか、それにも深く関わらせてもらえることになり、二年後再びロシアの地を踏むことになった。

コラム：雪山を駆け上がるヒョウ

高い山々には、私たちの想像を超える〝動物〟も棲んでいる。

サイエンストレンチでアイスコアの処理をしているとき、外がやけに騒がしい。双眼鏡を借りて近くの雪山を見ると、何か黒い塊が高速で雪の上を這って、まさに尖っている頂に向かっていた。

よく見ると、その塊は四つ足歩行をしているように見える。いったいあれは何なのだ？　氷河の上にいた全員が、この何か不思議な大きな物体を確認しているので、目の錯覚ではないことだけは事実だ。

決定的な証拠が残されていないので、ここからは推測になってしまう。この物体には一つだけ特徴があって、身体の後ろに何か長い尾のようなものが、はっきりと見えたのだ。

じつは、双眼鏡で見た時に、すぐにこの動物ではないか？と一つだけ思いあたるものがあった。それは中央アジアの山岳地域に棲む大型ネコ科動物ユキヒョウだ。彼らは銀色の美しい毛に覆われ、がっしりとした身体と、その身体と同じくらいの長さのりっぱな太い尾をもっている。動物行動学がメインの研究室に在籍していたこともあり、じつはヘリコプターに乗っているときから、ユキヒョウが見えるのではないかと淡い期待をもって、ずっと探していた。

思いすごしなのではないか？と何度も考えた。しかしユキヒョウであったら、双眼鏡で見たあの黒い物体のように見えたのではないかと思うし、あれだけ俊敏に動ける大型動物は、この地域では他には考えられない。

じつは、似たような逸話が二件、なぜかどちらもアフリカの氷河から報告されている。一つは、アーネスト・ヘミングウェイの『キリマンジャロの雪』という小説の冒頭に出てくる、標高が五千メートルを超えるアフリカ最高峰キリマンジャロ山の氷河の末端にあったヒョウの死骸。そしてもう一つは、そこから北に三二〇キロメートル離れたケニア山の氷河の中から発見された約九百年前のヒョウの死骸である（水野・中村、一九九九）。この二つに共通するのは、なぜだかわからないが、ヒョウが氷河に登ってきていたという事実である。

ヒョウたちがなぜ雪の頂をめざしたのか、その理由は私にはわからない。ただ動物園でユキヒョウを見るたびに、あの日あの白い頂にいた不思議な生き物のことを思い出す。

コラム：微生物が雪をつくる？

雪印マークのような六花型や、飾り気のない砲弾型のようにさまざまな形の雪の結晶が成長するためには、まずは核となる小さな氷ができる必要があり、この小さな氷ができるためには、その核となる何らかの物質（凝結核）が必要である。じつはこの現象は、みなさん気がつかないうちに目にしている。空を飛んでいるジェット飛行機がいると、その後ろには飛行機雲が見えるだろう。この雲はまさに小さな氷の塊で、大気中で過飽和になっている水分がジェットエンジンから出てくるすすを核にして小さな氷へと変化した姿なのである。

自然状態で凝結核となるのは、海塩粒子、火山灰、鉱物粒子などが知られているが、じつは微生物や花粉といった生物起源の粒子（バイオエアロゾル）も無視できないことがわかってきている。とくに*Psuedomonas sringe*など何種類かの植物病原菌は、他の粒子では氷形成が起こりにくいマイナス四度〜マイナス二度くらいのきわめて高い温度で、この凝結核形成を促進することが知られている。また、天然の雨や雪に含まれている凝結核のうち、多くのものが生物由来であることも示されており、微生物の存在が小さなスケールでの気象の変化を引き起こしている可能性が考えられている。

これら微生物の凝結核形成を促す物質は、細胞膜に埋め込まれているタンパク質やタンパク質複合体などで、これを壊さずに微生物の粉末を使えば、高い温度でも人工雪をつくれることになる。*P. sringe* の粉末は、「SNOMAX」という名ですでに商品化されており、世界各地のスキー場で活躍している。

こんな機能は、微生物自身にとってメリットがあるのだろうかと思ってしまうが、じつはおおいにある。*P. sringe* などは前にも述べたように、植物病原菌として知られている。これらは葉の上で氷の結晶（霜）を作りやすくして、葉の表面を凍結という武器で破壊して、侵入するのだ。そのため一九七〇年代後半の初期の研究は、飼育作物に対する霜害に関するものが多かった。葉っぱに寄生している微生物が、地上から空高く舞い上がり、そして雲を作り気象を変え、雨や雪となって再び地上に降りてくるのだ（Morris et al., 2008）。

ところが日本でも、世界でも、そもそも大気にどのくらいの微生物が存在しているのか、網羅的に種類を調べた研究例は多くない。現在、著者らのグループは東京スカイツリーに機器をセットして、東京都上空にやってくる微生物の種類とその季節変動、雲を作る微生物の存在（観測サイトは地上四五八メートルなので、頻繁に雲に覆われる）を明らかにしようと企てている。

第3章 再びアイスコア掘削へ

（ロシア・アルタイ山脈　後編）

再びロシアへ

修論を書き上げるまでの二年間でロシアの他に、アラスカの氷河、ヒマラヤ、ブータンの氷河の調査研究に参加させていただくことができた。ここでは深くとりあげないが、ブータンのフィールドはとくに印象深かった。色濃い独自の仏教文化の魅力もあったが、氷河までのアクセスに歩いて片道一週間以上、そして途中五千メートルの峠を越える、一大トレッキングをこなさなければならない秘境だったからだ。この時は、トレッキング会社と村人との交渉がうまくいかず、荷物を運ぶヤクが最終キャンプまで来てくれなかった（調査地のブータンの村は中国との国境に近い。この年は中国で漢方薬として使われる冬虫夏草がこの辺りでよく取れて、私たちの仕事のような金にならないけどたいへんな仕事は二の次だったのだ）。最後は一同で必要最低限の荷物だけを背負って歩いて運ぶことになった。そのせいで食べるものが本当になく、昼間はジャガイモ二個と腐ったゆで卵をかろうじて食べるという生活だった。栄養失調になりかけ、毎日、日本の食べ物のことばかりを夢想していたが、周辺の村に大災害をもたらす氷河湖（氷河が融けて後退することで、氷河の前にできる天然のダム湖）決壊に関する研究の基本的なデータが得られた。

そんな、とても貴重な経験をさせていただき、ふつうでは見ることのできないおもしろい現象や文化をこの眼で見てきたが、将来の進路を研究一直線というふうに突っ走って考えることはできなかった。当時環境アセスメントの会社で、ベントス（川や海の底にいる生物）調査のバイトなどをしていたので、あわよくば関連するどこかに就職しようかとも考えていた。

そんなモヤモヤした気持ちを一蹴させる出来事が、校門前のラーメン屋でおきた。このラーメン屋は、自家製のラー油をベースにした担々麺で有名な店で、アクセスの良い場所柄、学生のソウルフードとしての確固たる地位を確立している。ある時、幸島先生といっしょに名物の担々麺をすすっていると、迷っている心情を見抜かれたのか、

「もうちょっといっしょに遊ぼうよ」

と甘い一言を、ささやかれた。

何を思ったか、思わず「そうですねぇ、もうちょっといっしょに遊びましょうか」などと答えてしまったのだ。その後の氷河放浪生活が決まった瞬間であった。人生を決める瞬間は、あっさり何気なくやってくる。

今から思うと、この二〇〇二年前後の時期は温暖域の山岳アイスコア掘削のプロジェクトが盛んだった。北海道大学のグループが実施しているカムチャッカやアラスカでの掘削、総合地球環境学研究所（地球研）が予定している中央アジアでの掘削など、たくさんの観測計画が存在していた。

地球研には、中尾正義教授率いるオアシスプロジェクトという研究プロジェクトが動き始めていた。ユーラシア中央部の乾燥地帯では、氷河を源にする河川の流れ一つが住人の生活の場や、遊牧や農業といった生業の形態を変化させてきた。このオアシスプロジェクトは、そこで起きた過去二千年間にわたる人間活動と環境変動との相互作用の歴史を復元することを目的として、遺跡に残る古文書からの文系アーカイ

写真3・1　アッケムより望むベルーハ山．掘削サイトは，2番目に高いピークの右側．

ブ、氷河，堆積物などから得られる理系アーカイブの二つを合わせて解き明かそうという、壮大なものであった。
この理系アーカイブ探索の一つが、まさにアイスコア掘削であり、候補地には中央アジアの北部に位置する、あのアルタイ山脈が選ばれたのであった。

ターゲットに決まったのは、ロシア、アルタイの最高峰ベルーハ山（標高四五〇六メートル）であった。手前に断崖のような雪壁をもち、角錐のように尖ったピークは十分に力強く、そして美しい山だ（写真3・1）。

最強の掘削チーム

当時、地球研オアシスプロジェクトでは幸島研の先輩の竹内 望さんが助教をしており、アイスコア掘削チームのリーダーとなっていた。そんなことから、このアイスコア掘削には準備段階から関わらせていただくことになった。しかし、私自身アイスコアの掘削経験は一度だけなので、ほとんど何もわかっていないに等しかった。

　こんな状況を助けてくれたのが、北極探検家の山崎哲秀さん（http://www.eonet.ne.jp/~avangnaq/）だった。山ちゃんは、本業の北極犬ぞり探検のかたわら、これまで極地で数々のアイスコアの掘削に携わってきた、まさに極地のプロである。掘削隊員の一人である山ちゃんのアドバイスにしたがい、掘削に関する各種電動工具からネジ一本にいたるまで、ありとあらゆるものを地球研（京都）に滞在しながら準備することになった。

　山登りが好きなので、何かに向けて装備を準備していくプロセスは好きなのだが、本当に自分の選んだこの機械、この部品で大丈夫なのだろうか？　現場で何か足りなかったらどうしようか？　みんなで準備しているプロジェクトが自分の準備不足で失敗してしまったらどうしようと、ずっと不安をぬぐい去ることはできなかった。だが、地球研の電動アシスト自転車で京都の街を疾走し、寺を巡ってみたり、緩やかに流れる鴨川の流れを見ているうちに癒され、どうにか準備を終えることができた。

　今回の掘削隊員のもう一人は、さらに心強い。なんといっても、使用するドリルの設計、製造者である高橋昭義さん（地球工学研究所）だからだ。今回の掘削のために新しくデザインされたドリルは、一度低温実験室のある北見工業大学に運ばれ、プロジェクト参加者が一堂に集まり氷の掘削テストがおこなわれた。テストはもちろん大成功で、あとは本掘削を待つのみであった。

　私は、アイスコアを掘った後の切断と現場解析をおこなう、サイエンストレンチの作業を受けもつことになった。以前のソフィスキー氷河でのアイスコア掘削の要領を思い出しながら、こちらも準備に漏れが無いか、頭の中で何度も、何度もシュミレーションしてみるが、やはりとても不安であった。

これら掘削&研究メンバーの他に、オアシスプロジェクトを主題の一つとしていたNHKの大プロジェクト「新シルクロード」からのカメラマンの澤幡政範さんが加わり、日本から総勢五名が参加することになった。

氷壁の上のキャンプ

今回ロシアへは、ソウルを経由し、シベリア航空でノヴォシビルスクから入ることとなった。経由地のソウルで初めて今回の掘削の共同研究者であるアイダホ大学のウラジミール・アイゼン教授とその学生ダニエルに会った。アイゼンさんは、元々はソ連の氷河学者であった。中央アジアでの氷河調査中にソ連が崩壊し、一時的な日本滞在を経て、アメリカに移り住むことになった。その後も引き続き旧ソ連領を含む中央アジアで、おもに氷河氷の酸素同位体比を使った研究をしている研究者である。ロシアでは、調査申請やヘリコプターを使ったオペレーションを日本人だけのグループがおこなうのは、困難をきわめる。しかし、人脈と交渉のポイントを抑えているアイゼンさんの協力があったので、難しい掘削も可能になった。

ソウルからシベリアのど真ん中、ノヴォシビルスクに到着後、前回と同じくバスで広大な畑地帯を南下する。二年前の記憶がよみがえるバルナウルは懐かしいと思いつつも素通りしてしまい、さらに南のゴルノアルタイスクに向かった。ここからソフィスキー氷河の約八十五キロメートル西方に位置するベルーハ

写真3・2　ベルーハ山の麓にある登山の前線基地，アッケム．

山へ、ロシアの定番大型ヘリコプター（Mi-8）に向かった。ヘリコプターは氷河上には直接行かず、ベルーハ山を間近に望む谷の中にあるアッケムというキャンプ地に降り立った。ここにはいくつかの常設シェルターが存在していて（写真3・2）、ベルーハ山登山への前線基地となっていた。

翌日は、ベルーハ山から流れてきているアッケム氷河で雪氷微生物の調査をして、近くの湖の横にあるサウナ（ロシア語ではバーニャ）で休息をとった。ここは小さなログハウスが丸ごとサウナになっていて、中に入るととても暖かい（写真3・3）。葉っぱのついたままの新鮮な白樺の枝の束で、パンパンと身体をたたくと、木の芳香が立ちこめてひじょうに心地よかった。暖まったあとは、氷河からの融け水が溜まってキンキンに冷えた氷河湖（水温はたぶん二〜三度）でクールダウン。いくら暖まっていても心臓が止まるのではないかと思うほど冷たく、十秒以上入るのには命の危険を感じた。

掘削地点に移動できる準備はできたのだが、天候は良く

写真3･3　アッケムの近くのサウナ(バーニャ)小屋.

ない。アッケムから望むと、掘削地点は巨大な屏風のように立ちはだかる垂直の雪の壁の上にある。この壁は、標高差約一千メートルもあり、上は雲に包まれ何も見えない。

わずかな晴れ間を見つけてどうにか一フライト飛ばせたが荷物のデポで終わってしまった。次のフライトができたのは、それから二日後だった。氷河ですぐ活動できるように足下を整え、いざ出発する。アッケムからは、絶壁に阻まれてアイスコアの掘削をおこなえるような場所にとても見えなかったが、雪と氷の絶壁の際をグーンと登ると反対側は対照的になだらかだ。緩やかな氷の流れが、乾燥した大地の広がるカザフスタン側に落ちていっているのがよくわかった。

氷壁から数百メートルほど内側に入った地点にヘリコプターは着陸し、そこに私たちのアイスコア掘削キャンプが設置された。計十二人（日本人五人、アメリカ人二人、ロシア人五人）が生活を共にするので、キッチンと

写真3・4　ベルーハのキャンプサイト．大型の食堂用テント二つの周辺に個人用の小さなテント群が並ぶ．

食堂用にそれぞれ巨大なドームテント二張りが設置され、メンバーはそれぞれ個人用のテントに寝ることとなった（写真３・４）。

夜中、吹きつける風があまりに強く不安を感じたが、疲れのせいで、ぐっすりと寝てしまった。翌朝起きると、昨晩とは一転して不気味なぐらいに音のない静けさに包まれていた。しかし、なんとなく薄暗いことに違和感を感じてテントの側面を押してみると、何もないはずなのに冷たいものに押さえつけられている。なんと一晩で私のテントは完全に雪の下に埋もれていたのだ。入口を開けて外に出ようにも、雪を掻き出す道具がないのでどうにもならない。じたばたしているうちに、準備のよい山ちゃんがスコップで外から掘り出してくれ、ようやく日を浴びることができた。その日からは万一に備えてスコップを横に寝ることにした。

順調なアイスコア掘削

翌日からさっそく、掘削準備が進められた。個人テントやキッチンの密集する居住区から少し距離を置いた風上に、アイスコア掘削用のかまぼこ型のテントを設置した（写真3・5）。このテントの中で、アイスコア掘削のオペレーションをすべておこなうのである（写真3・6）。一度、北見工大で設置の練習をしてきているので、ドリルの組み立てはひじょうにスムーズだった。ドリルの設置と同時に、入口付近には掘られたアイスコアを簡易解析するサイエンストレンチを設置しなければならない。

ソフィスキー氷河では、もろい雪のブロックで壁を作ってしまったために、嵐の日に隙間から雪が侵入して雪まみれになってたいへんだった。なので、今回はできるだけ深く掘り込んで壁面を作り、木材の骨組みとベニヤ板の屋根を雪の表面にしっかり固定するようにした。

雪というのはとても不思議なもので、密度が低いさらさらの状態だと、結束が悪くて雪玉を作るのもたいへんだが、濡れていたりして密度が高くなると、よくしまり、まるで粘土のように扱える。机でも棚でも階段でも、作業に必要なものは、雪をくり抜いたり固めたりするだけで簡単に作ることができた。

今回は掘ったアイスコアを凍らせたままで持って帰る予定なので、アイスコアの一時置き用のスペースもフロア近くに用意した。これらに日本で事前に準備した備品＋お気に入りの音楽をガンガンかけるスピーカーセットを並べ、自分仕様の納得のいくサイエンストレンチが完成した（写真3・7）。

写真3･5　アイスコア掘削に使ったカマボコ型の掘削テント．中はアイスコア掘削作業が十分にできるくらい広い．

写真3･6
アイスコア掘削作業中のメンバー（左から，山ちゃん，竹内さん，高橋さん）．

写真3･7　自分仕様に初めてセットしたアイスコア解析用のサイエンストレンチ．壁には，融解と再凍結によってできた氷の層がたくさんある．

掘削は順調にスタートしたが、深さ四十メートルくらいのところで掘れなくなるトラブルが発生した。日中に天気が良いと掘削テント内の温度が上昇して、二本あるドリルのうち次の掘削用にスタンバイしているものが暖まってしまい、いざ掘削に使おうとすると氷とうまく噛み合わない。昼夜を逆転して寒い夜に掘削をおこなうことが検討されたが、予備のドリルをサイエンストレンチで十分に冷やしておくことで、どうにか切り抜けることができた。こうして朝から夜遅くまでひたすらアイスコアを掘り進める体制が確立され、掘削から五日目にして早くも深さ百メートルを突破した。前回のソフィスキーとうって変わって、今回の掘削チームはお酒に関してはドライであったが、この日ばかりはどこからかビールが出てきて祝杯となった。

こんなに順調に掘削が進んだのも、食事等の生活面をロシアの氷河学者であるニキーチンさんの奥さんが仕切ってくれていたからだ（写真3・8）。大型の

写真3・8　キャンプ中の食事を毎食作ってくれたターニャ（ニキーチンさんの奥さん）.

キッチン用のテントの中でいつも料理を作ってくれて、作業に疲れた時でも快適に休憩できるようにしてくれていた。朝食に、これまでまずいと噂に聞いていたオートミールが出てきた。日本人の味覚に合わせればでてこないもので、最初はなんだか馴染めなかったが、私はけっこう何でも順応してしまうタイプなのですぐに美味しくいただけた。

アイスコア作業のかたわら、表面の積雪を細かく見たいのでピット（縦穴）を掘ることにした。この時は若かったのか、みんなに褒めてもらいたかったのか、今となってはよくわからないが、一人で頑張って掘るぞと勝手に意気込んでいた。ただ、酸素がけっして濃くはない四千メートル以上で人が十分に入れる、数メートルの雪の穴を掘るのはけっこうたいへんだ。意気込んでいたものの、最後はパワーのあるロシアの若手が手伝ってくれてようやく完成した（写真3・9）。

写真3・9
スコップで掘った深さ4mの縦穴（ピット）．クリーンウェアを着て，各種の分析用のサンプルを慎重に採取する．

今なら一人でやるのは能率が悪いので、最初から誰かいっしょにやろうよとコミュニケーションしてからこういう作業にはとりかかる。この頃は先を見通して行動できていなかったので、気合だけが先走っていたのだなぁと、今となっては感慨深く思う。

氷河を掘り抜く

掘削開始から七日目。掘削穴の深さ一五五メートルに達すると、アイスコアに小さな岩粒が混じりはじめてきた。岩を多く含む氷河の底面が近い証拠だ。一同に緊張がはしる。ひょっとしたら次の回で終わるかもしれない。そんな思いを抱きながら地道に掘り進めるが、その日は底に到達することはできなかった。翌日になると氷全体が、細かい粒子で汚れはじめてきて、二センチメートルを超える大きな岩粒が混じりはじめた（写真3・10）。いよいよか、一同にさらに緊張が

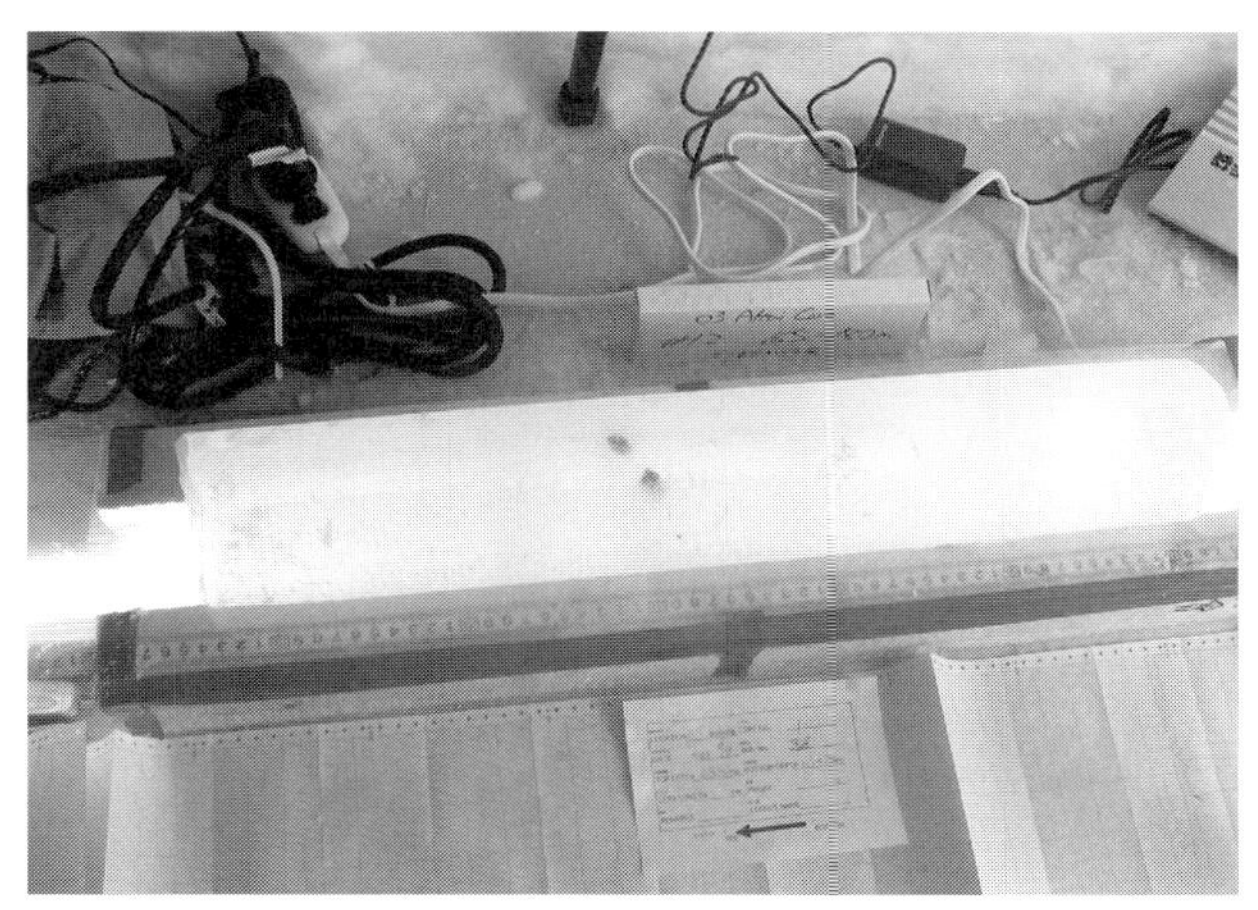

写真3・10　アイスコアの中に氷河の底の岩盤からの石が入っていた（深さ：168.90-169.42 m）．

走る。掘削開始八日目、深度一七一メートル。ドリルは完全に掘り進めなくなり、ストップした。引き上げられたドリルの刃はボロボロに刃こぼれしていた。ドリルがベルーハ氷河の底面の岩に接地して、それ以上掘り進められなくなったのだ。前回のソフィスキー氷河では不発に終わってしまったが、二回目のアイスコア掘削にして、現在から過去にさかのぼる完璧な氷を手に入れたのだった。

この後、氷河の掘削穴の温度を測ったり、予備のサンプルの為の浅層コアを掘ったりと、すべてが順調であった。予備で掘ったアイスコアを手にみんなで記念撮影して、装備も撤収完了（写真３・11）。出発の準備は整ったかのようにみえたが、困ったことに肝心のヘリコプターがいつまでたっても来ないのだ。

写真3・11　アイスコア掘削の成功を祝ってメンバー全員で集合写真.

下山への遠い道のり

こちらが快晴であっても、崖から見下ろす下界はどんよりと雲に覆われていたりする。こんな日は、まず迎えが来ることはない。テントに閉じこもって本を読んだり、うだうだとすごす。最初のチャンスはヘリを待って三日後にやってきた。このところの悪天とうって変わって、好天だ。今日飛ばずして、いつ飛ぶのだろうという条件だったので、一同いつでも出られるようにスタンバイした。

ところがいつまでたってもヘリの音はどこからも聞こえない。しびれを切らしてイリジウム（衛星携帯電話）で連絡をとるアイゼンさんの表情も険しい。どうやら今日は山岳地を飛行できるパイロットが、息子の結婚式に出ているので出勤できない、とのことだった。さらに悪いことに、数日後にサイクロンが直撃するという予想になっているらしい。すべてのテントが大破した、あの嵐のパタゴニアのアイスコア掘削が脳裏をかすめる。

しかし、アイゼンさんも黙ってはいない。プーチン大統領直属のロシア非常事態省とかいう、すごそうなところにコンタクトをとってくれ、明日にはフライトをおこなうように、ヘリ会社に圧力をかけてくれたそうだ。これで、天気さえ良ければもう大丈夫だ。格別にきれいにみえる夕日を見ながら今回の掘削をふり返ると、みんなで力を合わせて頑張った日々がもう昔のことのように感じられた。

翌日もヘリを待つ。ところがいくら待っても、ヘリは来ない。ロシア非常事態省は、「ヘリ会社はヘリをすでに飛ばしている」と言うし、ヘリ会社は「ヘリは飛んだが違う方向に向かった」などと言う、何だかよくわからないことになっている。とにかく私たちの迎えはないというのが確定した。幸いにも恐れていたサイクロンはたいしたことはなく去っていったが、ヘリがいつ来るのかまったく当てもなく、さらに二日間をすごした。

今日も何の連絡もないので、これまでどおりに来ないであろうと、コーヒーを飲みながら読書に耽っていた。すると何だかヘリコプターの音が聞こえたような気がした。今まで何度も聞こえたような気がしていたので、空耳だろうと思ったが、はっきりと聞こえてきて、迎えのヘリが来たことをやっと理解できた。みんな帰ることをなかば忘れかけていたので、テントはそのまま張りっぱなしだ（写真3・12）。ヘリの凄まじいダウンバーストにあおられながら、ばたつくテントをたたみ、どうにかザックへと詰め込んだ。頭上を高速で回転するローターに注意しつつ、風をかき分けながらヘリに近づいていった。

短時間で、できるかぎりの荷物を押し込むとヘリは去っていった。大急ぎで、みんなの装備をかき集め

写真3・12　キャンプ地は快晴．いつまでたっても来ないヘリコプターを，ダラダラと待つ．

次のフライトへと備える。二回のフライトで無事、装備とメンバーはアッケムに戻ることができたが、肝心のアイスコアが山の上に残されたままだ。続くフライトで、コアの半分はどうにか回収したが、まだ半分はそのまま残されている。早く回収したいのだが、目視すら十分にできない状態に変わってしまった。完全にあきらめモードだったが、この時はなぜかさらに飛ぶことになった。ほとんど雲に覆われていて、どこを飛んでいるのか正直よくわからないが、一千メートルの絶壁を螺旋状に上がっているようだった。

雲の切れ間のむこうに、雪壁が迫っているのが見えた。〝墜落〟が頭をよぎったが、もはやできることは信じることだけだ。落ちないぞ、落ちないぞと自分に言い聞かせる。もういいから早く戻ってくれと願っていると、すっとその場を去ってアッケムに戻った。けっきょくこの日は掘削地点に着陸できず、残り半分の回収は翌日に見送られた。この後、世界の各地で多くのヘリオペをすることになるが、

写真3・13　困難だったアイスコアの回収ミッションをこなし，ヘリコプターで戻ってきた放牧場.

この時のフライトは人生でもっとも怖かったヘリオペになった。

翌日には、難なく残りのコアを回収し、そのまま一番近くの村まで向かい、コアを降した。緊張しっぱなしの輸送オペレーションから一転、牛がのんびりと放牧されている放牧場に立つと、すべてから解放された安堵の気持ちが、ぐっーとこみ上げてきた。パイロットも嬉しそうに両手を上げてピョンピョン跳ね回っている。まったく来てくれないので、すこしだけ頭にきていたが、がっちりと握手をしてお礼を言わずにはいられなかった。朝日を浴びて、きらきらと輝く朝露と川霧の遥か向うに、先ほどまでいたアルタイの峰々が白く輝いていた（写真3・13）。

アイスコア合宿

掘削したアイスコアは冷凍状態で日本に輸送された。状態としては完璧であるが、当時の地球研は、京都の中心地の廃校となった小学校の校舎を間借りしていただけなので、アイスコアを処理するような低温実験室は完備されていなかった。

そこで、新潟県長岡市にある雪氷防災研究所の低温実験室を使用させていただくこととなり、もって帰ってきたアイスコアサンプルをすべて保存していただいた。これらアイスコアは、これから低温室で切断、表面切削をして、各種分析用に処理しなければならない。

ソフィスキー氷河では、無謀にもこれを氷河の上だけで終わりにしようなどと考えていたのだが、ベルーハではじっくりと複数回の合宿形式でおこなわれた。私たちはこの合宿を〝アイスコア合宿〟と呼んだ。一週間ほどを目安に研究所の隣の宿舎で共同生活しながら、朝から晩まで低温室とクリーンルームで一連の作業を延々に続けるという地味な合宿だった。下準備も合わせると相当な作業量であり、氷河表面から四十八メートル分だけでも、この合宿を何回やったか思い出せないくらいだ。もちろん参加者は、比較的時間に融通のきく下っ端（学生や研究員）がメインであった。

作業がどのくらいたいへんなものなのかは、合計でどのくらいのサンプルを処理するかによる。つまり、アイスコアを長い間隔で切ってしまえばサンプル数は少なく、全体の作業はスピーディであるが、分析の解像度が下がってしまう。かといって、あまり細かくやりすぎても、サンプルの数が極端に多くなり、いつまでたっても結果を出すことができない。妥当な間隔を決定するには何か参考となるデータが必要だ。

ベルーハ氷河では、積雪表面から深さ四メートルのところまでピットを掘り、十センチメートル間隔で

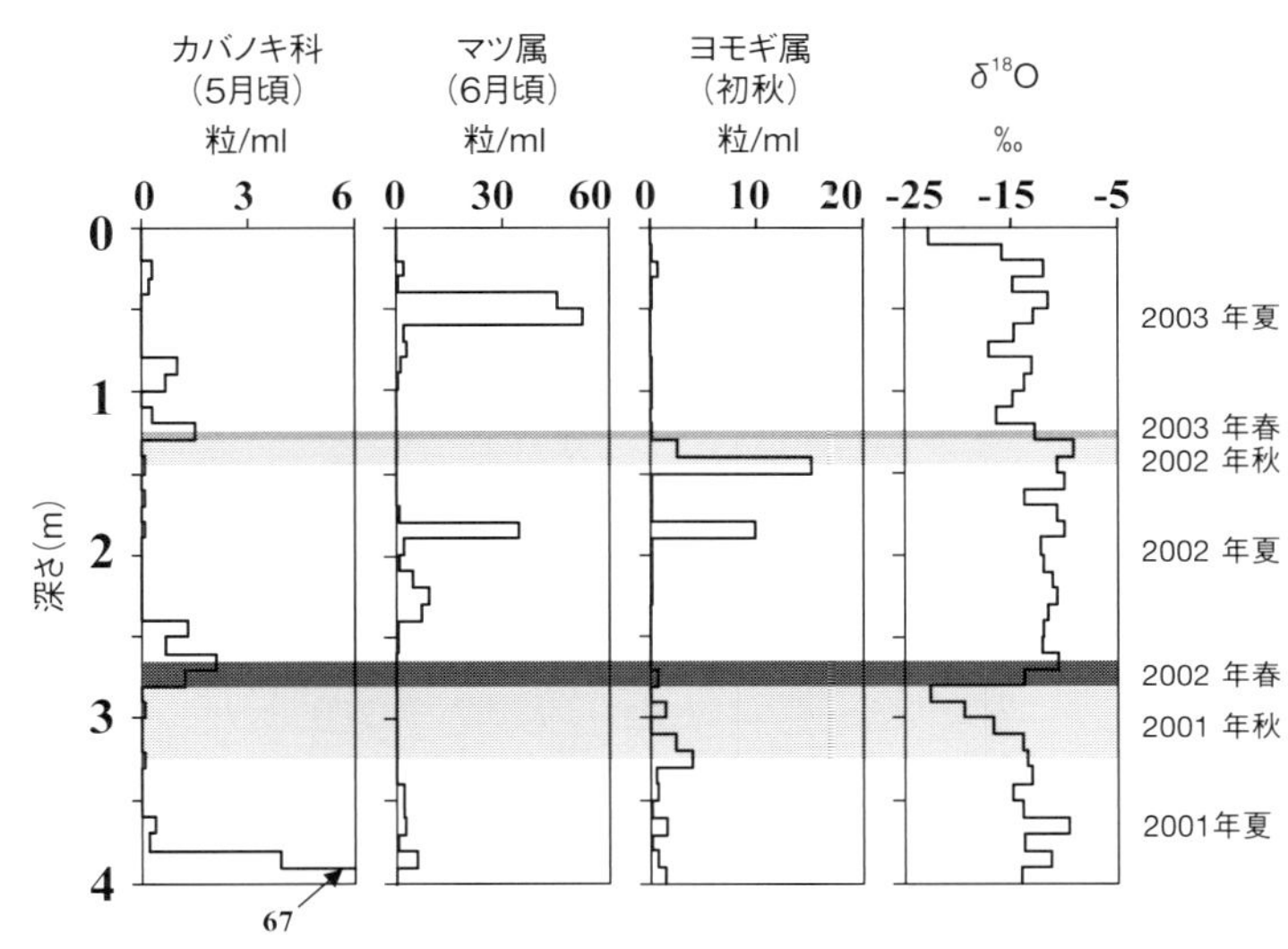

図3・1　ピット中の各種花粉の季節変動. それぞれの花粉が異なる季節の指標となり, 組み合わせて利用することで過去の積雪の季節の変動まで追うことができる.

雪をサンプリングしているので、それがうまく使えた。このピットの解析では、ソフィスキー氷河のとき以上に花粉が役に立った。年代決定は花粉分析の為にあるかのようであり、春のカバノキ科、夏のマツ科、秋のヨモギ類がきれいに連続して現れた。その結果、四メートルの中にちょうど丸二年分の積雪が入っており(図3・1)、一年に約二メートルの雪が積もっていることがわかった。

このデータをもとに表面付近は約二十センチメートル、深さ四十メートルくらいから十センチメートルの間隔でサンプリングして、全部で二八三個のサンプルが分析された。分析項目は、酸素同位体、化学成分、粒子、生物の他に、トリチウム(三重水素)とよばれる放射線物質だった。

トリチウムは、アメリカとロシアが対立した冷戦下の一九六一〜六二年に多く実施されていた大気圏内核実験により地球上に高濃度に放出された。負の側面がとても強いが、世界各地のアイスコアで各地に堆積した一九六三年の層を特定することができる（藤井、一九九五）。

しかし、推定された深度をいくら分析しても、まったくトリチウムは検出されなかった。何度も、計画を変更してその都度分析の範囲を広めっていって、ようやくピークが出たのは当初の推測よりも浅い約二十五メートルのところであった。

つまり、私たちの当初の推測はまったくの大はずれで、一年間に約〇・五メートルしか積もっていなかったのだ。参考にしたピットに含まれていた年は、たまたま雪が多かっただけなのだ。一段落したかと思ったアイスコア処理と分析はふりだしに戻された。次はもっと細かくサンプルを分けることになり、サンプル数は前回の三倍弱の七二九サンプルになった。おかげで何度も、何度も、アイスコア合宿をおこなうはめになった。

合宿じたいは、気心の知れた先輩たちとワイワイやるのでたいへんではあるが、楽しい。だが、一日中マイナス二〇度の低温室に、じっと座って氷をシャカシャカ削っていると、だんだん手の感覚が鈍くなってくる。私の場合だと、午前中は血の巡りが悪いのか、三〇分ほど入っているだけで手に冷たさを感じはじめる。そうなると無理は禁物だ。しもやけにならぬように外に出て指先をマッサージして、暖めなおさなければならない。そんなことを何度も繰り返して午後になると、身体も冷たさに慣れるのか一時間入っていても平気になってくる。

また低温で同じ姿勢でじっとしているのも良くない。ある時、一日の作業を終えて、宿舎に戻り、夕飯をつくるため床の炊飯器をよいしょと取ろうとした。つぎの瞬間、腰に激痛がはしって動けなくなってしまった。いわゆるギックリ腰というやつであった。こんなアイスコア合宿の時は、極楽と名がつくスーパー銭湯のチェーン店でのんびり湯につかるのが、極楽のように気持ちよかった。

花粉を使った年代決定

このアイスコアではピットと同様に、三種類の季節性の異なる花粉が大活躍した。春のカバノキ科、夏のマツ科、秋のヨモギ類の順に年を数えていくと、トリチウムで絶対年代の決まっている一九六三年の層とビックリするぐらい一致した（図3・2）。一方で、極域で年代決定の定番として使われている酸素同位体で同じことをしてみても全然うまく合わなかった。それなので、花粉分析はひじょうに有効な手段であるといえた。

一九六三年よりも深い部分も同じように分析をして、四八・二四五メートルの深さまでに、二〇〇三年から一九一七年までの八五年間の積雪が含まれていることが明らかになった（Uetake et al., 2011；Okamoto et al., 2011）。これで、この地域の質量収支は水当量（水に換算した積雪量）で、約三八〇ミリメートル（＊東京の年降水量の約四分の一）であること、そして二〇〇三年までの約六十年間は一九四〇年以前より年間涵養量が減少していること、つまり乾燥化が進んできていることがわかってきた（図3・3）。

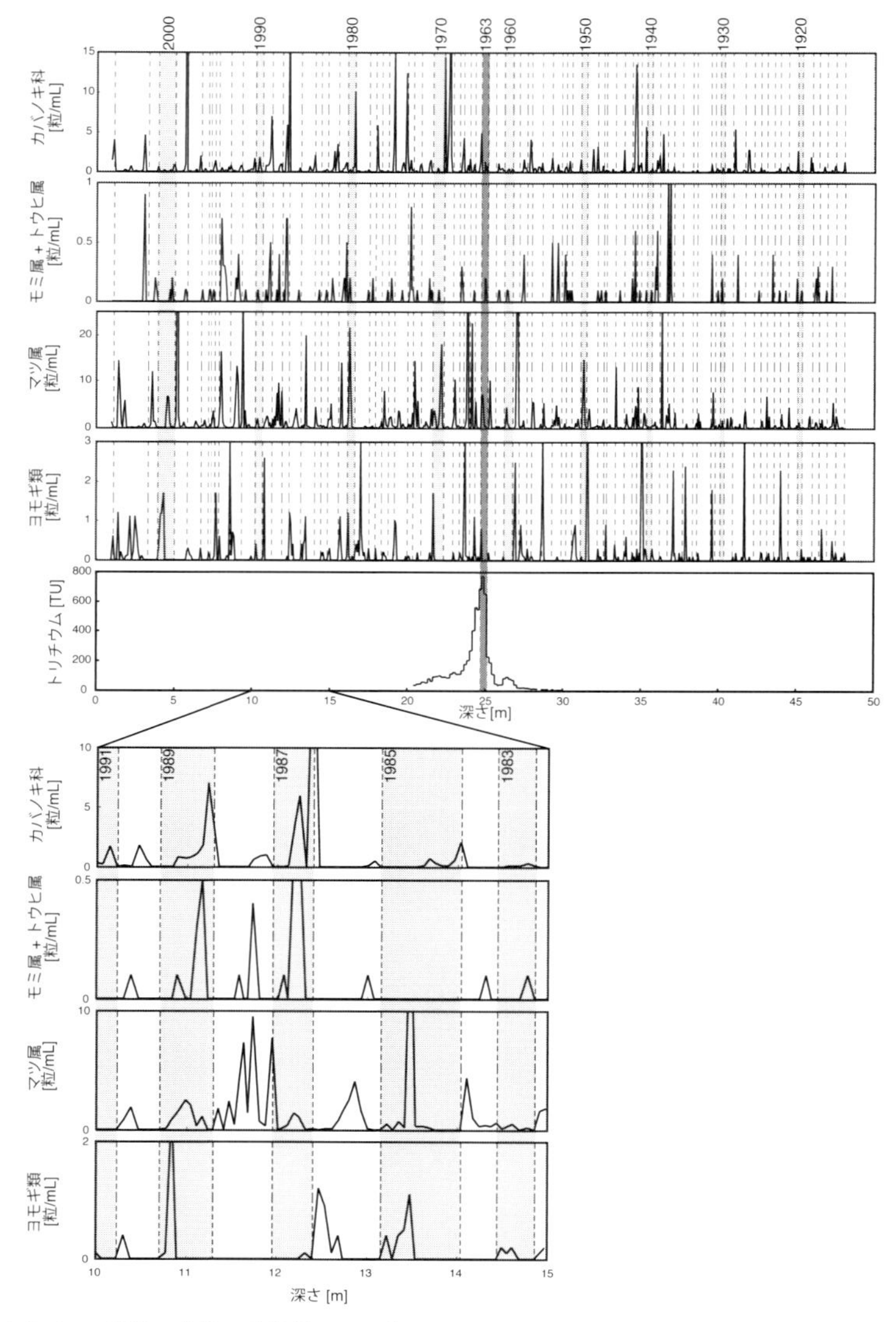

図3･2　4種類の花粉の季節性により求めた48 mアイスコアの年代（Okamoto et al., 2011を改変）.

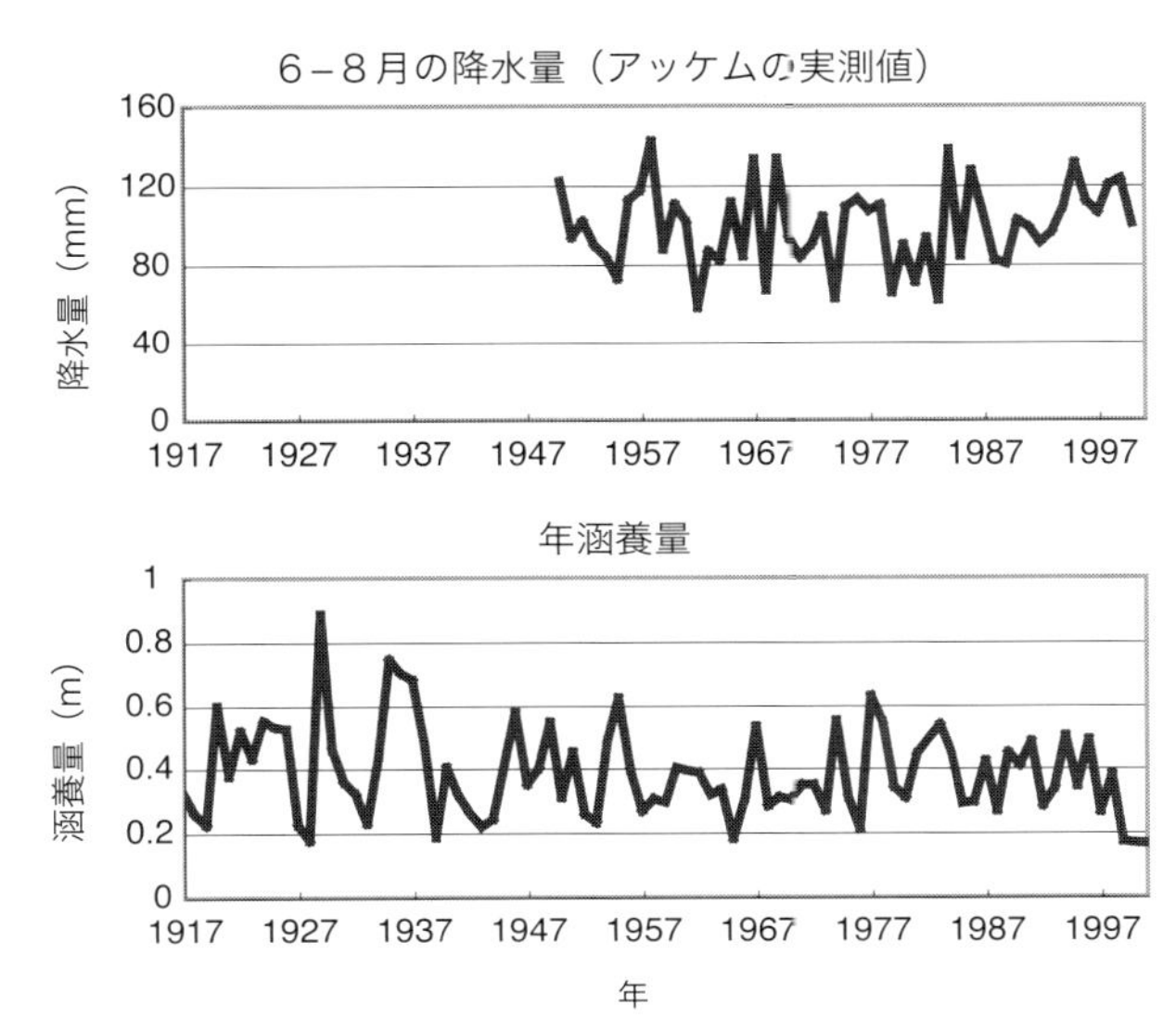

図3・3　花粉の年代決定により復元されたベルーハ氷河の涵養量とアッケムの気象ステーションにおけるおもな降雪が起こる6〜8月の降水量の変化.

雪の中で増える微生物の方の結果はどうだろうか？　ソフィスキー氷河では、花粉とこれら微生物のコンビネーションが年代決定の精度を向上させていたので、同じことを期待していた。しかし、顕微鏡でいくら探してみても、微生物の量はソフィスキー氷河に比べて圧倒的に少なかった。花粉の年代決定が優れていることもあり、ここでは微生物の深度分布は年代決定には不適当であるといわざるを得なかった。ベルーハ氷河は標高四一〇〇メートルとソフィスキー氷河（三四三五メートル）よりも、約六五〇メートルも高い。つまり単純に気温が低くて、微生物に必要な融け水が存在している期間が短く、年層の基準にできるほど毎年必ず増殖していなかった。

また、この地域の雪の積もり方も、増殖に影響を与えていた。掘削前後に立ち寄ったアッケムに設置されている気象のデータを見てみると、六、七、八月の夏期に一年の半分以上（約五十五パーセント）の降水が集中していることがわかった（植竹、二〇〇七）。つまり、わずかでも増えた微生物の層が頻繁に雪に埋もれ、有効に太陽光を光合成に使えなかったのではないかと推測された。

これらの結果は、その後に書く予定だった博士論文の方向性に、影響を与えた。トピックの一つに〝微生物による〟年代決定と古環境の復元を書こうとしていたからだ。卒業するためには、限られた時間、限られた試料で論文を書き上げなければならない。しかし、苦労して採取してきて、何度も、何度もアイスコア合宿をし、そして長時間を分析にあてたすえに手にしたデータは、これを示すには適当ではなかった。

同時に手法と発想の限界が見えてきて、古環境を知りたいのであれば、別に氷河の微生物など使わなくてもいいではないかと、研究に対するモチベーションを失いそうになってきた。しかし、予期せぬ微生物が見つかったことで、新たな展開が開けてきた。

氷河酵母のビール

ベルーハアイスコアの微生物の数は少なかった。それなので低濃度の試料に合わせて、試料を濾過する面積を小さくし（直径四ミリメートル）、濃縮させることで十分な観察数を得られるように方法を改良した。

おかげで、微量の微生物が検出可能になり、見たこともない単細胞微生物の増殖も検出できるようにな

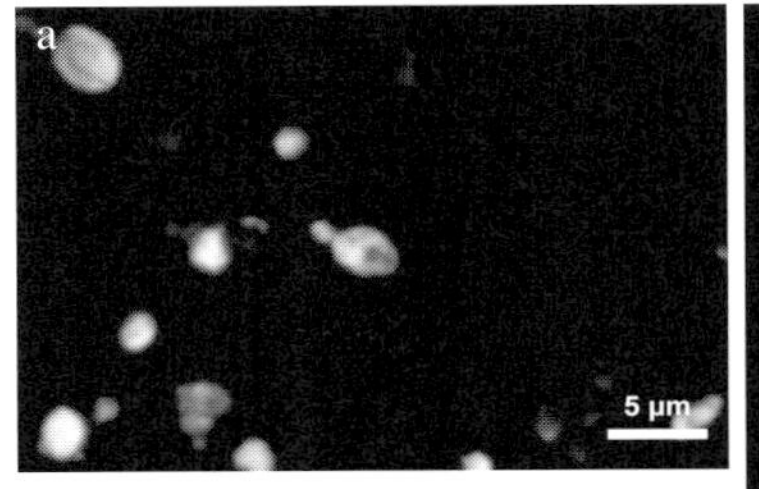

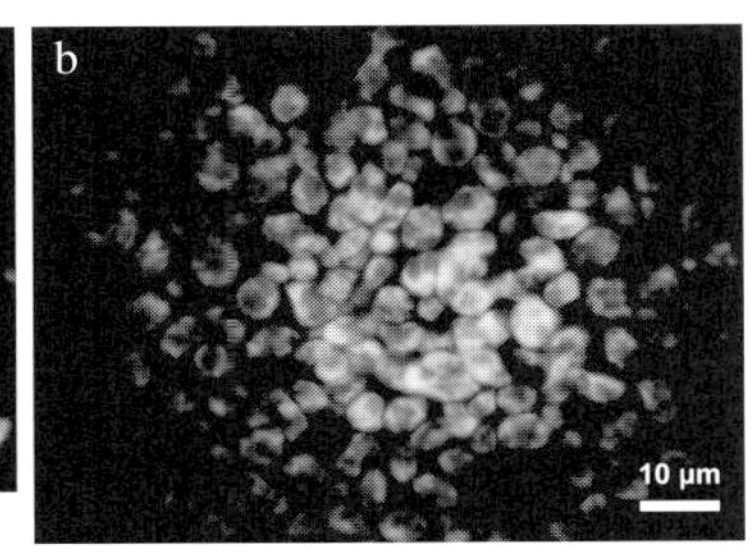

図3・4　ベルーハ氷河のアイスコアから見つかった酵母(a)が出芽している細胞，(b)密な群集を形成していた細胞(Uetake et al. 2011)．

った（最大で1.7×10^5 cells/ml）。これは栄養に富んだ水環境ではふつうの細胞濃度だが、ほとんど微生物の増殖が起こらないような氷河上流の雪では、かなり異様であった（図３・４）。

あまりの多さにまず疑ったのは、異物の混入（コンタミネーション）である。しかし、サンプル処理から観察まで、作業はクリーンベンチの中でおこない、外部からの混入には細心の注意をはらってきたので、この可能性は低そうだった。次に考えられるのは、本当に大増殖していた可能性である。可能性を検証するためにもまず、多量にいた微生物が何者なのかを詳しく知る必要があった。

微生物の種類を特定する（種同定）には、おもに二つのアプローチが考えられる。一つ目は顕微鏡で形を判別する方法だ。これは微生物を直接確認できるので、細胞に特徴の多い真核生物では、迅速に種類を決定できる確実な方法である。これまでのアイスコアの分析では、こちらの方法に頼ってきたが、形態の微妙な特徴を見逃さない豊富な知識と経験が必須となる。

もう一つは、その生物の遺伝子情報を使う方法である。種決定に適当な長さと汎用性のある遺伝子に注目すれば、見た目によらず客観的に種を決定でできる。

今回大量に入っていた微生物は、形に特徴が少なく、さっぱり何だかわからず悶々としていた。遺伝子解析するにも、相手がおおまかにどんな種類かもわからないのでは、攻めようもないし、しかもこの時点では遺伝子解析のスキルは学部の学生実験程度であった。

まったく手がかりが得られないままだったが、あるときGoogleのイメージ検索で、何となく似たような微生物を偶然発見した。ぽこっと、小さなコブのようなものがついているこの微生物は、私がアイスコアから見つけた微生物にそっくりだった。それはなんと、〝ビールやパンを作る酵母（*Saccharomyces cerevisiae*）〟だったのだ。

最初は、まさかーと思っていたが、見れば見るほど似ているし、多くの情報を集めてくると、さらに確信は高まっていった。趣味で、ビール風の発酵飲料を作っていたことがあるので、氷河の酵母でビールが造れるのか！と、かなり興奮してきた。

この話を幸島研の卒業生である玉川大学の吉村さんにすると、卒業研究をしている四年生に混ぜさせてもらって、忘れていた遺伝子実験を一から出直しさせてもらえることになった。ここで久しぶりにラボワークらしい実験操作を思い出させてもらった。

この間に生物情報を使ったアイスコア解析法として博士論文をまとめ、無事に博士課程を卒業した後、国立極地研究所の新領域融合研究センターで研究員として働くことになった。ここでは、南極のアイスコアを中心に研究を進めていく方針であったが、その他のテーマも研究することができた。さらに幸島研究室の一年先輩であった瀬川高弘さんも研究員として在籍していた。瀬川さんは遺伝子分析に長けているためこれまで以上に遺伝子解析に集中できる環境が整っていた。

以後PCR（ポリメラーゼ連鎖反応）法をベースにした、いくつかの研究手法（DGGE法、PCR－クローニング法、培養法）を試すこととなった。これらの結果はすべて、この微生物が酵母であることを示した。とくにPCRで増幅した遺伝子をランダムに大腸菌の中に組み込んで、遺伝子の多様性を検出する手法である、PCR－クローニング法を使った実験では、これらが好冷性の酵母としていくつか寒冷環境から培養されているロドトルラ属（*Rhodotorula*）の酵母に近縁な二種の新種ではないかということを示していた（図3・5）。ベルーハ氷河の酵母がすでに見つかっている好冷性酵母に近縁だったことでコンタミ説は薄らいで、実際に氷河で増殖した可能性がきわめて高くなってきた。

ベルーハ氷河には、サイエンストレンチやピットを掘っている時から、気になる積雪構造があった。途中で十センチメートルほどの分厚い氷の層が突然雪の中に出てきていたのだ。これは雪を掘る時にはとても厄介で、スコップでは歯が立たないくらい固かった。この突然出てきた氷の層は、〝融解再凍結氷〟と呼ばれ氷河表面で融けた水が内部に流れ込み、氷点下の積雪内部で凍ったものである（写真3・7）。つまり雪の表面をかなり融かすほど気温が高かった時があったことを示す指標になる。

私たちが氷の中から見つけた酵母の層は、融解再凍結氷層とよく一致した（図3・6）。つまり、この酵母は通常は増殖していないが、たまに暖かい年がやってくると、融け水を使って増えていたのだった（Uetake et al., 2011）。

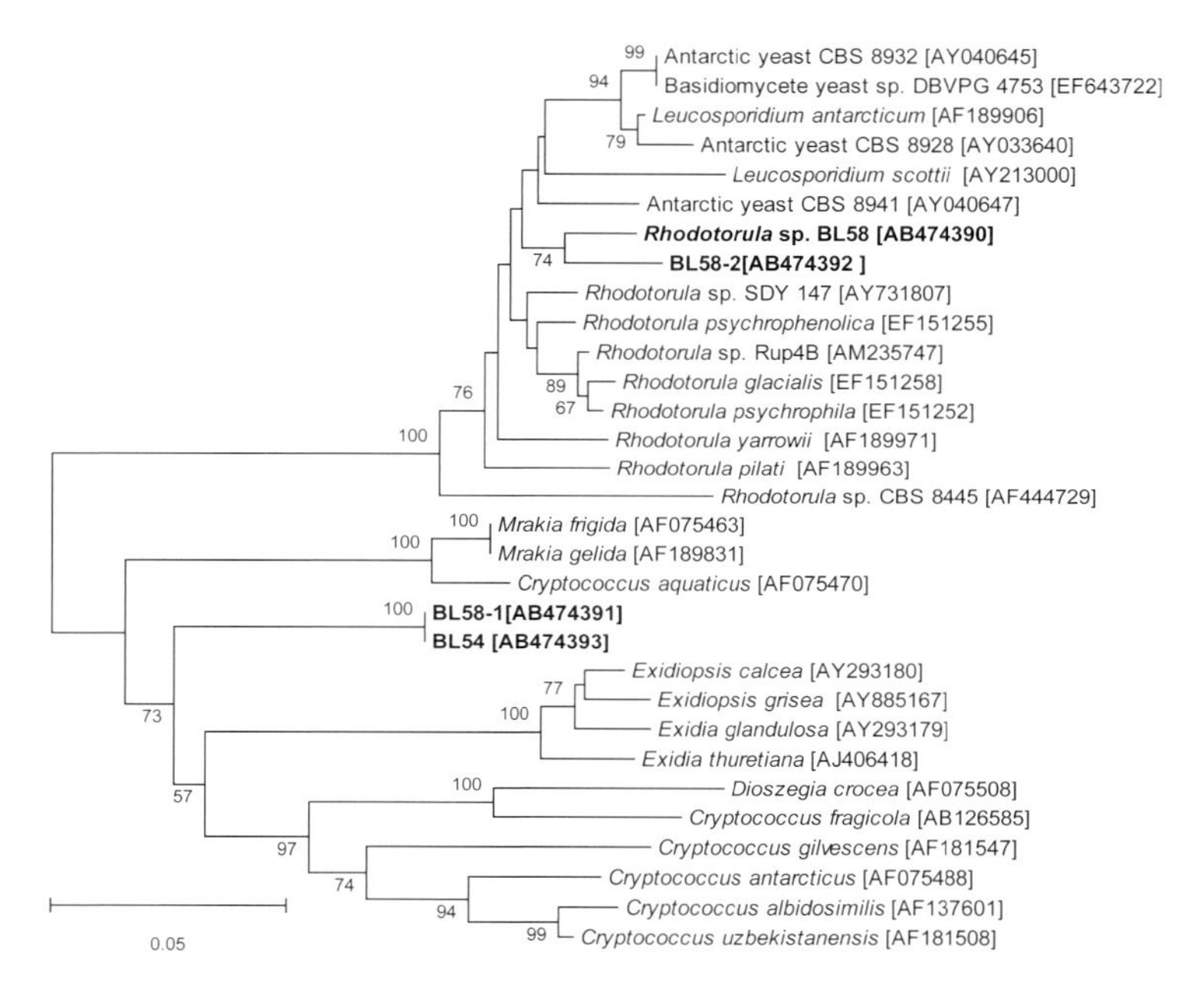

図3･5　アイスコアから単離した酵母とPCR-クローニングで得られたクローンの26SリボソームRNA遺伝子D1-D2領域の配列に基づいた系統関係（ベルーハのデータは太字で表記，Uetake et al., 2011）.

この結果じたいは、自分でいうのもなんだが、ひじょうに地味だ。しかし、視野を広くして考えてみると、極域の氷床でもコンディションが良ければかなり上流部まで、微生物が増殖する可能性を秘めているといえる。二〇一二年の七月に北極グリーンランド氷床が全域にわたって融解したという衝撃的なニュースが流れた（Nghiem et al., 2012）。頂上に近い標高二四五〇メートルのＮＥＥＭアイスコア掘削基地では、これまで融けることがなかった雪が、その夏にはかなり融けた。こんな条件が長く続けば、雪の上で生活する微生物の活動域が拡大し、環境にあたえる影響も強くなるかもしれない。

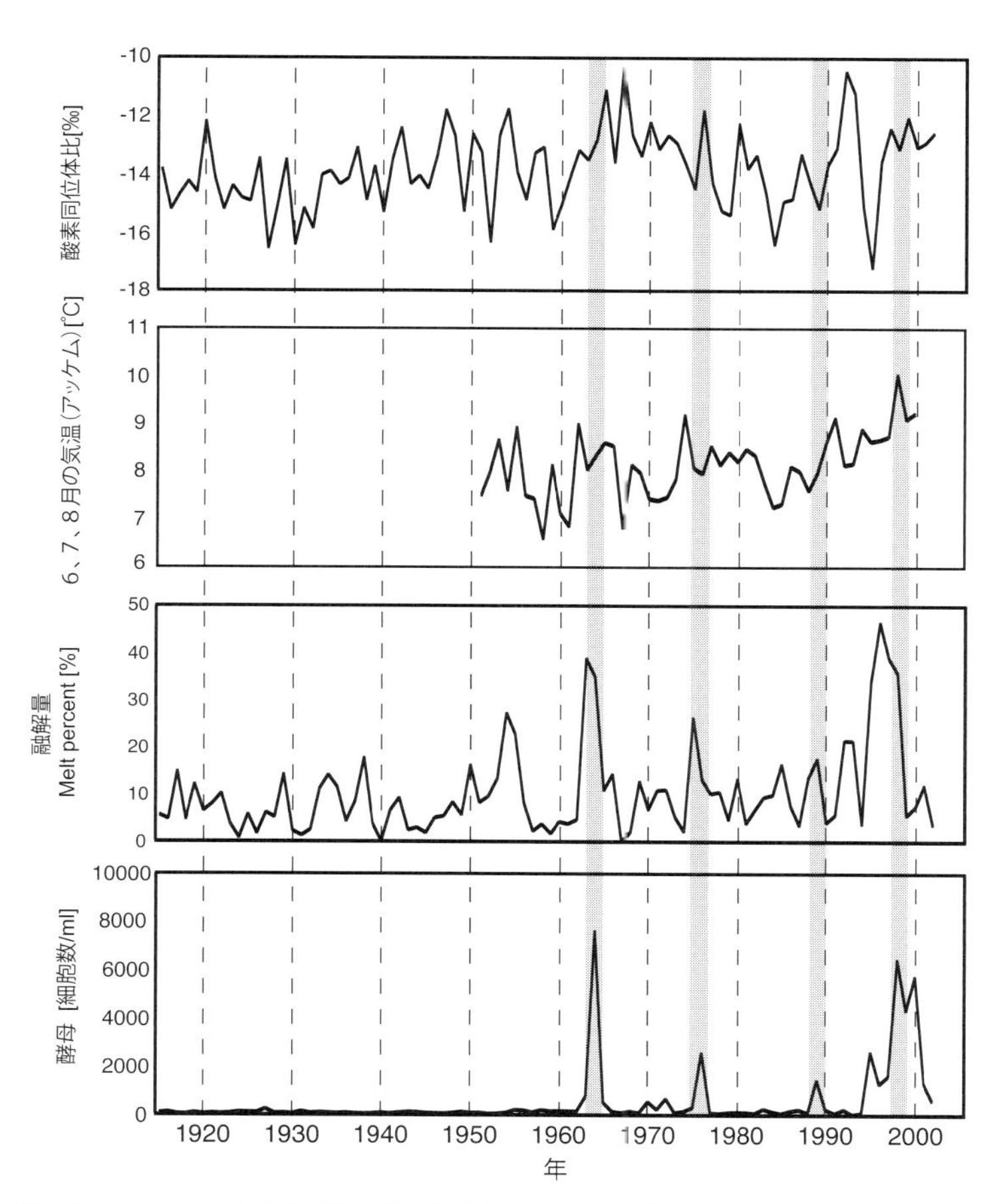

図3･6　アイスコアから復元した酸素同位体，6～8月の気温，融解量，酵母の細胞数の年変動．酵母の増殖が起きている年は融解量も多い傾向にある．

この研究をつうじて、微生物で古環境の復元をしてみようというアプローチよりは、その生き物がどのように暮らしているのか?といった生態的なことに興味をもちはじめるようになった。ただ残念だったのは、子嚢菌(しのうきん)という系統に属するビール酵母とは異なり、ベルーハで見つかった酵母は担子菌(たんしきん)と呼ばれるまったく別の系統群で、かつアルコール発酵するものではなかった。

氷河ビールの夢は、はかなくも消え去ってしまったが、これがその仲間を探す新たな旅のはじまりとなった。

第4章

赤い氷河とさまざまな雪氷生物

（アメリカ・アラスカ州）

図4・1　ハーディング氷帽とグルカナ氷河の位置.

遠い憧れの地　アラスカ

アメリカ合衆国の最北端で、最大の面積のアラスカ州は、野生動物たちの王国であり、大地を覆う氷河の王国でもある。州南部の沿岸部に広がるチュガッチ山脈、中部のマッキンリーを含むアラスカ山脈、そして北極圏にあるブルックス山脈に、多くの氷河が存在している。

〝アラスカ〟その名前には、すごく漠然としていたが、小さい頃からロマンのようなものをずっと感じてきた。小学生の時、学校の廊下に貼ってあったのをわざわざ持ち帰らせてもらった科学ニュース記事は凍りついたユーコン川についてだったし、大学生になってからは星野道夫さんの写真と文章を読んで、いつか果てしなく続くツンドラや苔むした深く濃い緑の森、そしてヒグマやエルクが躍動する野生を感じたい、そう願っていた。行ってみようと、何度か計画を練ったことがあったが、けっきょく遠い憧れの地のままであった。

しかし幸島研に入ると、アラスカ行きのチャンスはかなり気楽なノリで、あっさりとやってきた。ソフィスキー氷河の掘削（第2章参照）を終えた直後の二〇〇一年八月、当時アラスカ大学フェアバンクス校に隣接する国際北極研究センター（International Arctic Research Center：IARC）で研究員をしていた竹内望さんを頼りに、アラスカのさまざまな氷河で雪氷微生物の広域調査をすることになったのだ（図4・1）。

真っ赤に染まる氷河

先発隊として出発していた幸島先生と瀬川さんを追いかけて、成田からシアトル経由でアラスカの州都アンカレッジに向かった。空港で先行していた幸島さんと瀬川さんに迎えられ、途中で日本の国際展示場くらいの大きさのスーパーマーケットで食材とビールを買い込み、近郊にあるラーナード氷河に向かった。氷河の手前の空き地にテントを張ってビールを飲んでいると、なんと車で乗りつけてきた地元住民たちが、私たちの近くで大型の銃を取り出しはじめた。

これはまずいと思ったが、ただ射撃練習をしに来ていただけで、完全武装で私たちの背後にある的めがけて弾を連射している。小さな子どもまでいる。銃が出回ることのない日本ではありえない光景であるが、アラスカではホームセンターの釣具コーナーの横には、ふつうに銃の売り場があり、免許さえあれば最新式のライフルなどを簡単に購入できる。銃を見たこともない、日本から渡ってすぐの若輩ものには、少々

写真4・1　観測に関連する道具をたくさん背負い氷河横の登山道を登っていく．

刺激の強い歓迎であった。

流れ弾が恐ろしいラーナード氷河の調査は早々に終えて、アラスカ湾沿岸の街セワードの近くにあるハーディング氷原という長さ八十キロメートル、幅五十キロメートルくらいの、大きな氷原に向かった（図4・1）。ここはキーナイ・フィヨルド国立公園の一部であり、いかにもアメリカの国立公園らしく、レンジャーたちが管理し、一帯はとてもよく整備されている。ハーディング氷原までは、氷原から流れ出すイグジット氷河の脇の登山道を、氷河を横に見下ろしながら、ぐいぐいと登っていく（口絵2）。私たちはハンドオーガー（手掘り用アイスコアドリル）、キャンプ装備、食料、スキー、そして酒やらで、なぜだか大量の荷物があった（写真4・1）。これらを百リットルは入る大型ザックにこれでもかと詰め込むのだが、それでもすべてが入りきらなかった。

けっきょく、登り二時間ほどのこの登山道を一度登って小屋に荷物を置いてから、下まで荷物を取りにもう一往復することになった。このくらいたいしたことないだろうと高をくっていたが、

写真4・2　ハーディング氷原へのきつい登りを励ましてくれたマーモット.

二度目の登りは身体にこたえて、少し進んでは、何かを理由にすぐに休憩を繰り返して、重荷に耐えて進んだ。途中でマーモット（体長六十～八十センチメートルの大型のジリス）たちが（写真4・2）、穴から出てきてぶりぶりとお尻を振ったり、鼻をくんくんして愛嬌をふりまいていた。この愛くるしい姿に励まされ、どうにかまた上の小屋が見えるところまでたどり着いた。小屋まであと一歩という雪の上で、両足がつってしまい、荷物を背負ったまま動けなくなってしまった（写真4・3）。

急斜面の登りから一変して、丸太小屋からは真っ平らな氷原が、対岸がまったく見えないほどに広がっていた。疲れが残っているのか、足下を見ながら黙々と歩いていると、雪の色がなんだか妙に赤いことに気がついた。

立ち止まって辺りを見渡すと、なんと辺り一面がまるでかき氷のイチゴシロップをかけたように赤いのだ（口絵15）。これは赤雪（red snow）と呼ばれる自然現象で、人工着色料のようにも見えるほど鮮やかな赤色は、じつは小さな藻の仲間（*Chlamydomonas nivalis*）がもつ真っ赤な色素（アクサキサンチン：甲殻類の赤色

写真4・3　イグジット氷河の横にある丸太小屋．ここを拠点にはるか先まで広がるハーディング氷原の調査に向かう．

と同じもの）なのだ。一つひとつは、目には見えないほど小さな（直径約二十～三十マイクロメートル）細胞だが、これらが無数に集まって、真っ白いはずの雪を赤く染めていた。

夏の氷河の上は、日射とその照り返しがとても強い。太陽光は光合成をする赤雪の藻類に必須なのだが、あまり強すぎると光飽和という現象が起きて、光合成を阻害してしまう。そのため、この赤い色素は、強すぎる光を少し弱めて身を守る、まるでサングラスのような効果をもっているのだ。

あまりにもイチゴシロップのように見えるので、ふざけて食べてみるが、残念ながら味はない。日本人的にはどう見ても、かき氷のイチゴシロップだが、アメリカではこの雪のことをスイカ雪と呼んでいる。

この小さな雪の藻類の存在は、遠く宇宙からでも確認できる。フランスが打ち上げたＳＰＯＴ（Satellite Pour l'Observation de la Terre）という、そこそこの精度のカメラを積んだ人工衛星が撮った色の波長帯の異なる二枚の写真を比較すると、赤雪に覆われた部分と、そうでない部分が、明瞭に区別できるのだ（Takeuchi et al., 2006）。ちょうど私たちが、活動したハーディング氷原の北の部分は（口絵14）、氷原の中心に比べて赤雪に覆われている面積がとくに多く、赤雪が氷原の広範囲にわたって広がるスケールの大きな現象であることに驚く。

氷のミミズ

真っ赤に染まったハーディング氷原では、夜になると、さらに衝撃的な現象が毎晩起きている。氷原の真ん中でテントを張り、日が暮れて辺りが薄暗くなるのを待っていると、氷原の表面には先ほどまではいなかったはずの、黒いイトミミズのようなものがどこからともなく出現し、うごめきはじめる（写真4・4）。これらは体長一・五～二センチメートル、太さは〇・五ミリメートル。辺りを見回してみると、あっちにも、そっちにも、辺り一面にいつのまにか出現していた。この正体は、コオリミミズ（一般名：アイスワーム ice worm、学名：*Mesenchytraeus solifugus*）と呼ばれるヒメミミズ科のミミズだ。身体は黒ずんだ褐色で、一見ふつうのミミズのようにつるっとしていそうだが、顕微鏡でのぞいてみると、身体に小さなかぎ爪のようなものが付いている。この爪でひっかかりの少ない氷河の雪や氷に滑らないようにくっついていて、遅いが確実に前に進めるようになっている。街道沿いには、アイスワームに関する看板なんかもあって、意外と地元では知られた存在？ のようである（写真4・5）。

まるで湧くように出てきた、このコオリミミズはいったいどこからきたのだろうか？ その答えを探す

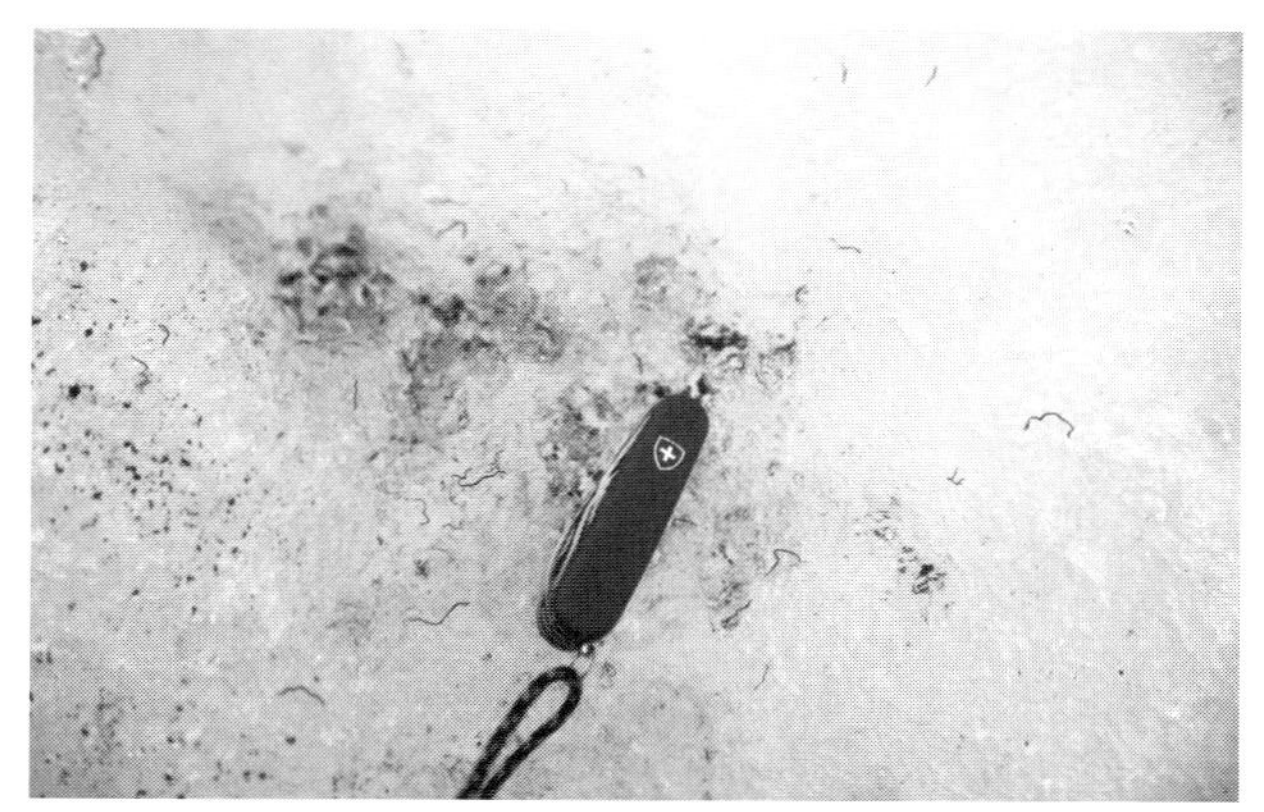

写真4・4　暗くなると氷河の表面に湧き出てくるコオリミミズ．なぜか北米の氷河にしか棲息していない．

写真4・5　氷河に向かうハイウェイの脇にあるアイスワームに関するサインボード．こんなマニアックな生き物でも，一般向けに科学的に説明しているところがアメリカらしい．

ために、もともとは氷河上にいた昆虫の研究から、この雪氷生物の研究を始めた幸島先生の指示のもと、夜通しでコオリミミズがどのような行動をしているのかを観察することになった。氷河の上に張ったテントから、一時間おきに氷の上にのそのそと這い出てきて、ヘッドライトで照らしながら、一定区画の彼らの数の変化を計測してみたが、それだけでは彼らの行動はよくわからなかった。

あまり眠れないまま朝をむかえると、先ほどまでは溢れんばかりにいたコオリミミズたちの姿はまったく無くなっていた。どうやら明るいときには、表面の積雪の下に隠れていて、暗くなってくると氷河の上にあがってきて、赤雪などの雪氷藻類を食べているということだけはいえそうだ。では、どうして夜行性なのか？

それはどうやら捕食者との関係にありそうだ。通常、氷河の上では鳥を見ることは少ないのだが、ハーディング氷原では、昼間に氷河の上をうろつく小鳥たちの姿が多く見えた。何か餌が無いか探しているのかもしれない。そのためコオリミミズは捕食者となる鳥が活動できない夜間におもに活動するように適応しているのではないだろうか。

コオリミミズの棲息はハーディング氷原以外にも、周辺の多くの氷河で確認されている。しかし、北米大陸からの報告はあるものの、他の地域からはまったくなく、地理的分布はいまだ謎のままである。

コオリミミズは、主として雪氷微生物を餌としているのだが、じつはそのお腹の中には、人間と同じように腸内細菌が棲息していることが最近わかってきた。東京工業大学生命理工学研究科に在籍している村上匠さんの研究によると、お腹の中には餌として食べられた微生物と、氷河の上には存在しないコオリミミズの共生菌が存在することが明らかになった（村上、二〇一二）。

日本ではまったく認知度のないコオリミミズだが、アメリカでは少しは知られている。〝Ice worm〟とGoogleで検索すると、アメコミ風だったりエイリアン風だったり、いかつくキャラ化されたアイスワームのイラストをたくさん見つけることができる。夜にしか出てこない、恥ずかしがり屋のコオリミミズだが、そのうちクマムシみたいなブームが、やってくる日があるだろうか。

コラム：日本の赤雪を見に行こう

雪が赤く染まる赤雪現象は、じつは飛行機に乗って海外に行かなくとも、日本でも十分に見ることができる。春の新緑の時季、標高の高い場所に残った雪の色が、赤や黄色や緑に染まる彩雪現象を確認することができる。残念ながら、これらを対象とした野外観察会は少ない。ここでは、色のついた雪がよく観察できる、おすすめスポットとその採取，観察方法をごくごく簡単にご紹介する。

月山（山形県）

時期：五月上旬から下旬

場所：山形県立自然博物園周辺

コメント：自然博物園のネイチャーセンターから、石跳川（いしとびがわ）添いに湯殿山方面に歩くとブナの樹林帯の中でよく見られる。赤雪（緑藻の *Chlamydomonas* 属または *Chloromonas* 属）以外にも黄色雪（黄金藻の *Ochromonas* 属）、緑雪（緑藻の一種）などを頻繁に見ることができる。

室堂平（富山県）

時期：六月上旬から下旬

場所：雷鳥平（らいちょうだいら）他

コメント：富山県側の立山口、または長野県側の扇沢より、立山黒部アルペンルート経由で室堂ターミナルまで、バスなどを乗り継いで公共機関で行くことができる。室堂ターミナルから、少し歩いた雷鳥平と呼ばれる平らな場所でよく見られる。

服装

足下は防水登山靴か長靴が良い。山岳地なので天気の急変に備えて、雨具を携行する。雪の上に膝をついたりするので雨具のズボンは必携。

もち物

雪をすくえる小型のスコップ類、密閉できる容器（ペットボトル、ジップロック等）。

採取方法

アラスカの氷河で見られたようなイチゴのシロップをかけたように鮮やかな赤雪を国内で見るのは難しい。

雪の上を歩いてみて、何となく色が赤い、もしくは茶色そうなところを見つけたら、雪をスコップでちょっと掘ってみる。そうすると、表面より数センチメートル下で色鮮やかな彩雪が出てくることが多い。これをスコップなどを使って、密閉できる容器に入れる。魔法瓶、クーラーボックス等に入れて観察まで低温で保っておくとベストだ。

観察のしかた

倍率が二百～四百倍のデジタルカメラ付の光学顕微鏡があればベスト。簡単なものはホームセンターなどで、数千円くらいで入手可能。スマートフォンのカメラに取り付ける簡易的な顕微鏡でも十分に観察することはできる。

もちろんここで紹介した場所以外にも、彩雪現象が起こる場所は日本各地にある。とくに著者は残念ながら融雪期に北海道で観察した経験がないのでこれを省いたが、大雪山周辺でも観察することができる。

重点観測地　グルカナ氷河

他の多くの地域と同じように、アラスカの氷河も環境変動の影響をうけて、その面積が縮小している。沿岸の氷河などはとくにはっきりとしていて、その変化は一目瞭然である。最近では衛星画像からこのような変化は顕著に捉えることができるが、細かく捉えるには長期間にわたる地道な現場観測も必要である。

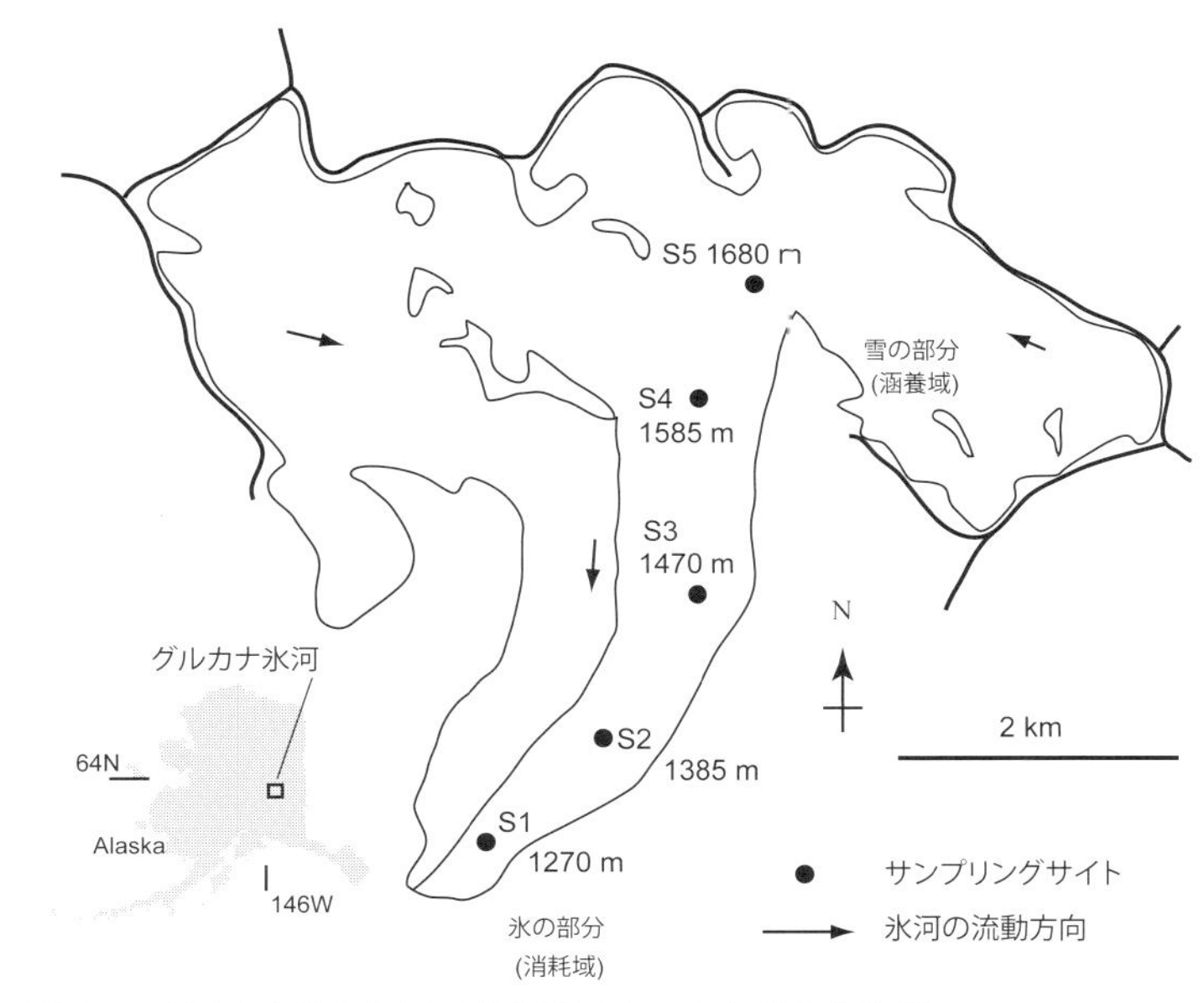

図4・2　アラスカ山脈のグルカナ氷河(Uetake et al., 2012を改変).

アラスカ山脈の小さな氷河・グルカナ氷河では、一九六〇年代にアラスカ大学により「Gulkana Glacier Project」という極地観測のキャンペーンがおこなわれていらい、現在まで継続して観測がおこなわれている(図4・1、図4・2)。

グルカナ氷河ははるか西のマッキンリー山から数百キロメートル続く、アラスカ山脈の一角にある。ここを初めて訪れたのは、二〇〇一年のハーディング氷原での赤雪調査が終わり、瀬川さんと北極海沿岸のプルドーベイまでのドライブから帰ってきたあとだった。

フェアバンクスの郊外には、緑豊かな小高い丘の上にアラスカ大学フェアバンクス校のキャンパスが広がっている。マッキンリーを彼方に望める、このキャンパスの西の端に、国際北極圏研究センターがある。当時、ここに所属していた竹内さんが、このグルカナ氷河を観測地としていて、私も定期観測に参加させてもらうことになった。

竹内さんとクマの見張り番のおじさんの三人で出かけたこの時の調査は、連日あいにくの雨や雪で、狭いテントの中でひたすら、じっと晴れを待っていることが多かった。

初めてのグルカナ氷河訪問では、思うような成果はあげられなかった。しかし、二〇〇八年の八月下旬、再びグルカナ氷河を訪れることになった。新鮮な驚きと感動に満ちていた最初のアラスカ訪問からじつに七年も経ってしまっていた。

雪氷酵母を探しに

前述のように、ロシアのアイスコア研究で博士論文を書いた後、運がよいことに情報・システム研究機構の新領域融合研究センターで研究員の職につくことができた。ここでは新たに研究活動をスタートすることになり、ロシアのアイスコアから見つけた謎の好冷性酵母（第3章参照）の正体を追いかけることにした。

ロシアでは、氷からの融け水が多いわけでもなく、かつ栄養となる有機物も少ないような積雪の中で、酵母が実際に大量に増えていた。しかし、これらに関する研究例はとても少なく、どんな地域に、どんな種類が棲んでいるのかという、基本的な生態さえもさっぱりわからなかった。

先行するいくつかの研究で、氷河から単離された酵母の報告をいくつか見つけることができた。しかし、そのすべてが〝結果的に〟低温で培養が成功した種を使って、その種類の分類だけをする仕事ばかりだった。つまり、酵母という生き物には注目していたけれど、これらが氷河上でどのように生きているのか？その生態に興味をもって取り組まれた研究ではなかった。せっかくベルーハ氷河から単離した酵母も、ベルーハ氷河の雪の中で増えていたという自分で見つけてきた事実以外には、何の情報もなかったのだ。

どうしたら良いのか最初は見当もつかなかったが、参考になるデータがないならば自分で見つけてやろうじゃないかという気分になってきて、行く先々でサンプル集めをはじめた。趣味の山スキーのついでに採った日本の雪、学会のついでに採ったカナダの雪などから地道に酵母の培養株のコレクションを増やしていった。ただ、まとめた話として論文にするには、どこかで集中的に研究観測をやっておく必要があった。

そこで、目をつけたのがグルカナ氷河だった。ここでは雪氷藻類の定期観測の結果が竹内さんによってまとめられていて（Takeuchi, 2001）、また瀬川さんによりバクテリアの種類が高度によって変化することが明らかにされていた（Segawa et al., 2010 ; 2011）。これらの研究データの蓄積と、得られるデータを比較すれば学術論文としてまとめるに値する研究ができると目論んだのだ。

この旅には、幸島研究室の大先輩である吉村義隆さん（玉川大学農学部　教授）と千葉大竹内研の永塚尚子さん（現・国立極地研究所　学振研究員）の新旧入り交じったメンバーに同行していただくことになった。

最初のアラスカ訪問では、右も左もよくわからないまま連れ回されている感が強かったが、今回でアラスカも三度目。しかもアメリカなら英語は通じるし、すべてをインターネットで予約できるうえ、氷河まで車でアクセスできる。これほど精神的にも肉体的にも気楽な雪氷フィールドはないだろうと思えるようにまで、いつの間にか鍛えられてきていた。アラスカに多い超大型スーパーマーケットで、いつものように旅の食料と好物の地ビールを何種類も買い揃えて、旅はスタートした。

氷河のサンプリング戦略

ベースキャンプから氷河までは、徒歩で約一時間。氷河から流れる冷たい川にかかる吊り橋を渡って、氷河が後退した谷の中のトレイルを進むと、氷河の末端が見えてくる（写真4・6）。七年前と比べると末端が明らかに後退して、左岸側は絶壁のようになっていた。

日本よりもはるか北にある、グルカナ氷河周辺の植生は、長く凍てついた冬、雪解けの進む春、花々が咲き誇る夏、一面が紅葉するつかの間の秋と季節変化に富んでいる。これは氷河の上の生態系にも同じで、季節の変化、とくに春から夏の雪解けのタイミングにもっとも大きく左右されている。というのも、雪と氷では棲んでいる生物種が違うからだ。氷河生態系の一次生産者でみてみると、赤雪のように雪が好きな藻類、雪が融けた後に露出する氷河の氷が好きな藻類の二種類にはっきりと分けられる。

写真4･6　グルカナ氷河までまっすぐのびるトレッキングルート.

標高が低く気温が高くなりやすい氷河の下流部では、雪解けのタイミングが早いので氷が露出する時間が長い。そのため氷を好む種類が多く棲息する。逆に気温が低い上流部では、雪解けが遅いので、雪を好む種類が多く棲息しているのだ。そして中間の、雪と氷の境界線では、氷と雪双方のスペシャリストによるせめぎ合いが盛んで、もっとも微生物の多様性が高い場所になることが多い。

なので、氷河の高いところから低いところまでひたすら歩いて、標高ごとにサンプルを採取して微生物の多様性の変化を明らかにする研究アプローチが私たちのグループではよく使われている。

これまでの研究と同じようにこの調査でも、標高別にサンプリングすることにした。標高差四百メートルを登り、氷河上流の稜線がよく見えるところまでやってくると、それまであった薄汚れた灰色っぽい氷の中に、パッチ状にうっすらと赤雪が現れはじめた。ちょうどこの辺りが、この時期の雪と氷の境界線

写真4・7　遺伝子解析用のサンプル採取に最善の注意をはらう吉村さん.

付近の高度になっていたようだ。

ここから上の部分は、雪の下に隠れた氷の割れ目（ヒドゥンクレバス）が連続する地帯だ。お互いにロープを結んで行かなければならず、リスクは高いし、時間もかかってしまうので、今回はここまでとしてサンプリングを開始した。

生物の量が少ない、きれいな場所でのサンプリングは、自分の身体についている微生物の存在がとても厄介だ。ただでさえ人間の皮膚の表面にはたくさんの常在菌が棲んでいるのに、フィールドに来ると何日も風呂に入れず正直汚い。調べたことはないけれど、いつもより微生物が混入する危険性は高いだろう。そうすると、後で出てくる微生物群集のデータや培養できた微生物が怪しいものになりかねない。それなので、滅菌された手袋をつけてサンプルをとるのは当然として、場合によっては、つなぎの白衣に身を包み静粛に作業にのぞむ必要がある（写真4・7）。

用途に応じてさまざまな種類のサンプルを採ったり、生物が棲む表面状態の計測などをしていると、一ヶ所でずっと下を向

写真4・8　調査の後，地ビール片手に夕食を作る．手軽くできるパスタが中心．

いたまま一〜二時間はあっという間にすぎてしまう。小さな氷河であっても、時間的にも体力的にも二〜三ヶ所をこなすのが精一杯だ。その日に終わらなかった地点は、後に残して夜はベースキャンプまで戻って、翌日の作業に備える。

夏のオーロラ

ベースキャンプに着いたら、まずは大好物のAlaskan Breweryのビール（アラスカの地ビール）で乾杯。ほろ酔い気分で疲れを紛らわして食事を作り、さらにビールを追加しながらパスタメインの簡素な食事を平らげる（写真4・8）。そのまま気分良く眠ってしまいたいが、採ってきたサンプルのろ過や薬品などを加える処理をしなければならない。

長い一日が終わり、寝る前に頭上にきらめく星空の写真を撮ろうと三脚を取り出し、長時間露光で写真を撮ってみると、何だか赤や緑の帯状の光が映り込んできていた。肉眼では、ぼやーっと明るいだけであったが、デジカメの液晶パネルには綺麗

写真4・9　調査を終えて辺りを見渡すと，紅葉が始まっていた．急速に秋がやってきていた．

なオーロラが浮かび上がっていた。日の長い時期ばかり北極圏に行っていたので、これまでオーロラを見たことがなかった。カーテンのように見える立派なものではなかったが、夢中になってシャッターを切った。

翌日からは、標高の低い場所で、同じように下を見つめながら黙々と氷河の表面のサンプリングをして、赤雪のある上流部から、後退が著しい末端付近まですべてのサンプリングが終了した。たった数日の滞在ではあったが、日に日に周囲の紅葉が進み、終わる頃には灌木の色がくっきりとした赤に変化していた。夏から秋への急激な変化が起きる、まさにその瞬間のなかにいたのだ（写真４・９）。

撤収作業も終わり、さて車でアンカレッジに戻ろうという時になって車のバッテリーあがりが発覚した。電子制御の新型車のエンジンは、バッテリなしでは当然動かない。他の車からジャンピングコードで充電してもらって、エンジンを始動する以外に方法はない。

しかし、辺り一面に人の気配はまったくなく、助けは期待できない。帰りの飛行機の日程は動かせないので、よけいな時間をここで使えない。途方に暮れそうになったが、気を取り直してはるかむこうにあるはずのハイウェイまで歩き、車を呼び止めようということになった。

とぼとぼと歩きはじめると、なんと砂煙をあげながら車がこちらに向かって来るではないか！　幸運にもレアなハイカーがやって来たのであった。彼らに助けてもらい、車のエンジンは無事に動きはじめた。こうして深まる秋の景色をようやく穏やかに見られるようになり、遠いアンカレッジへ向け車を走らせることができた。

アンカレッジでは、一部のサンプルを冷凍でもち帰るために、アラスカ特産のサーモンを冷凍輸送している日本の商社を尋ねて、冷凍便に混載していただくことになった。残りのサンプルはクーラーボックスに氷をたくさん詰め込んで、自分の乗るフライトで空輸し、冷蔵のまま研究所まで輸送した（いつも冷凍輸送には手を焼くが、魚といっしょに送ったのはこの時が最初で最後だ）。

氷河酵母の培養実験

これまでの氷河酵母の先行研究では酵母を単離するのに、氷河よりも有機物濃度が数百倍以上は濃い富栄養培地（ＹＥＰＤ培地）がなぜか使われていた。しかし、この方法では私が追い求めようとしている栄養のきわめて少ない氷河上の酵母の生態などとても理解できない。そう考えて、それを十倍、百倍に希釈

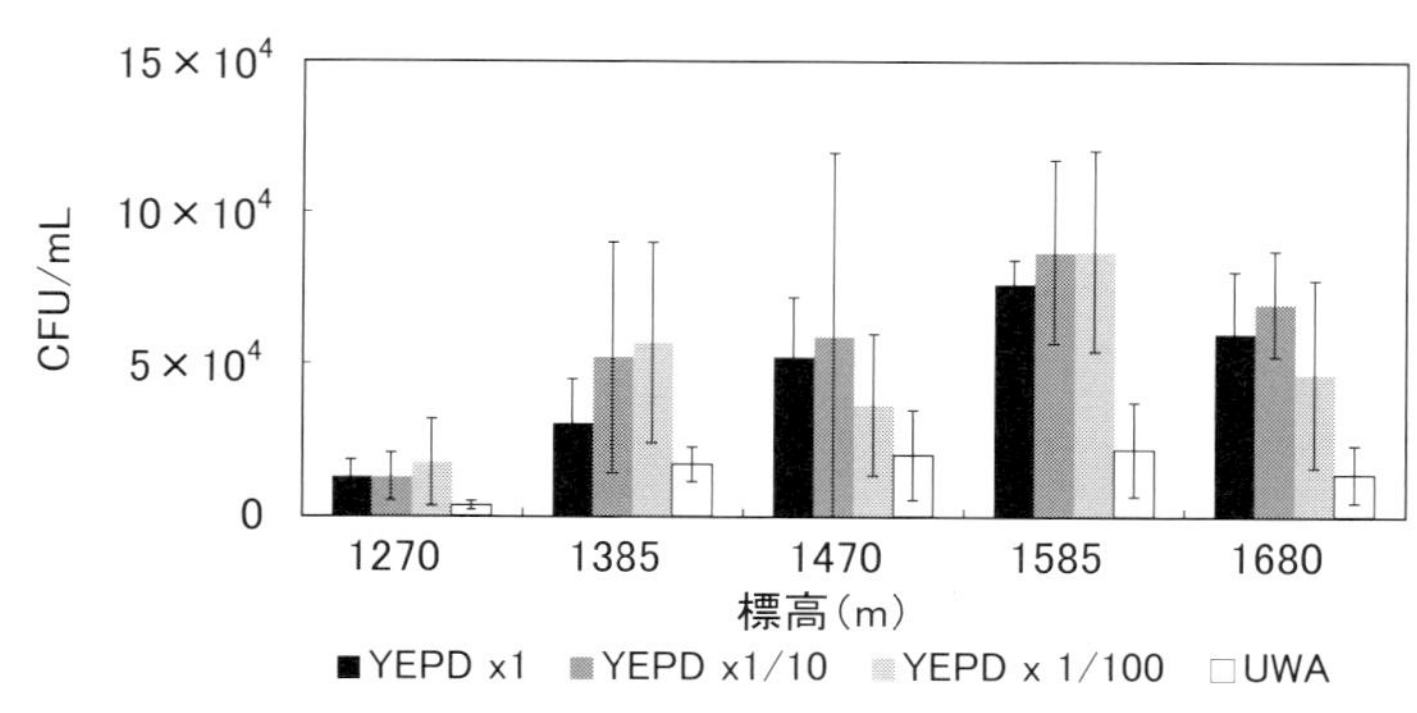

図4・3　4種類の培地濃度で計測したグルカナ氷河上の培養できる酵母の数（Culture Forming Unit: CFU）の高度変化（Uetake et al., 2012を改変）.

したもの、さらにはまったく栄養源を加えないで、超純水に培地を固めるための寒天のみを加えた、超貧栄養培地を用意した。

培養に関する作業はすべて、雑菌が入らないようにクリーンベンチの中でおこなう。シャーレの上に平らに固めた培地に、氷河の上流から下流まで標高別に採ってきた試料を薄く伸ばして、四度の冷蔵庫に入れる。数週間から数ヶ月ほど根気よく待つと、透明の寒天の上に、ぽつぽつと白、クリーム、オレンジ、赤とさまざまな色、大きさの点が出現しはじめる。

これらは、氷河の上に成育していた微生物の細胞一つが、培地の上で増殖して多数の細胞の塊（コロニー）をつくったものである。だから、これらのコロニーを色と大きさの特徴ごとに分ければ、その遺伝子情報から種類を特定することができる。また、同じ特徴のコロニーの数を数えると、氷河の上にいたおおよその細胞数を推定することができる（この培養可能な微生物数の単位を、Culture Forming Unit：CFUという。図4・3）。

この結果、グルカナ氷河から単離された酵母には、これまでに氷河から単離された担子菌酵母の *Rhodotorula* 属の数種類（グル

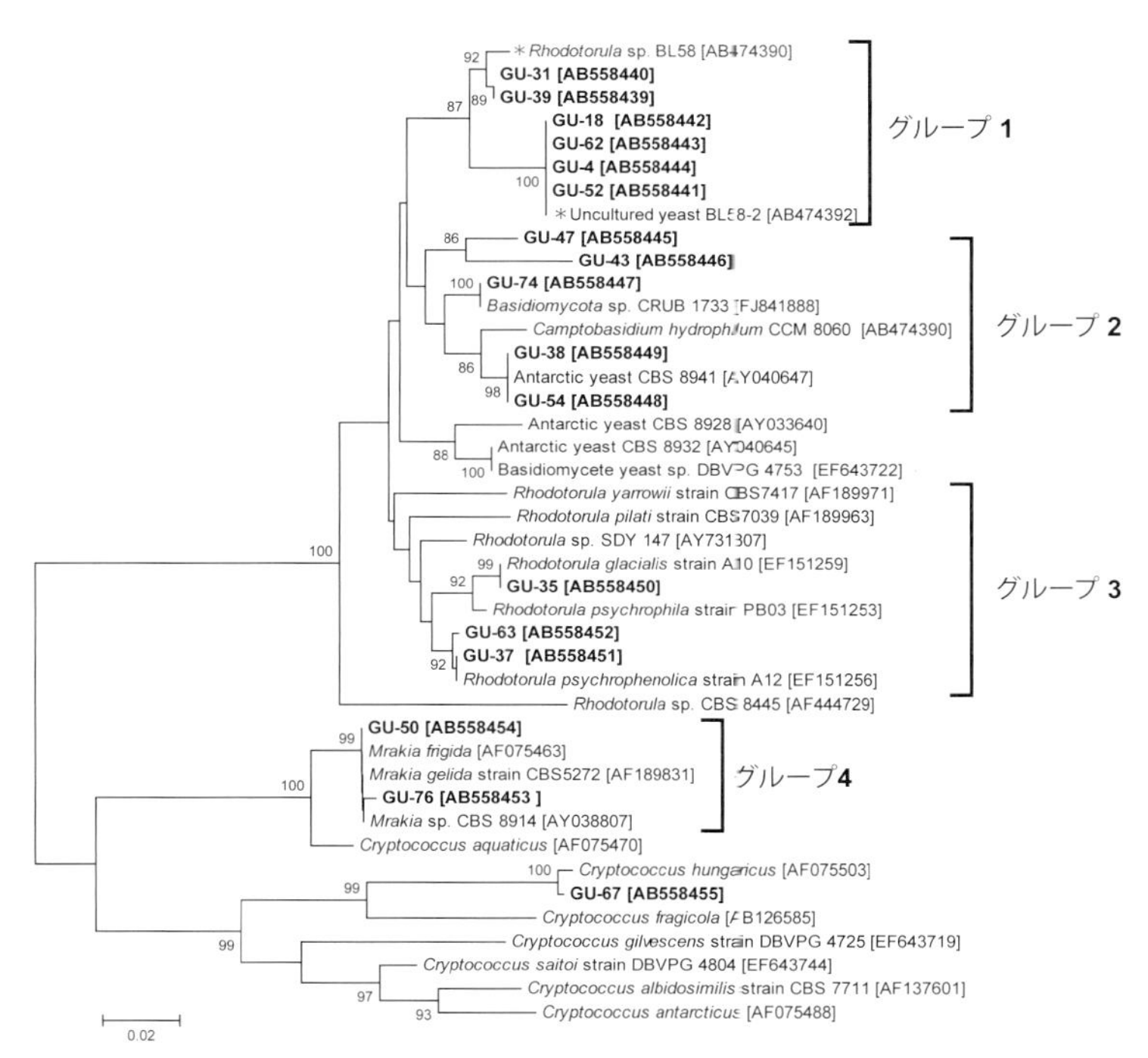

図4・4　グルカナ氷河から単離された酵母の26SリボソームRNA遺伝子D1-D2領域の配列に基づいた系統関係（グルカナのデータは太字で表記，＊はベルーハ氷河の酵母．Uetake et al., 2012を改変）．

ープ1、3）の他に、単離されているが名前のついていないもの、単離もされておらず新しい種として提唱できるかもしれないものが含まれていた（グループ2）（図4・4）。しかも、うれしいことにこの研究を始めるモチベーションとなったベルーハ氷河のアイスコアから見つけた二種類（*Rhodotorula* sp. BL58とUncultured yeast BL58-2）に遺伝的に近い種類も培養することができたのだった。これだけでは、これらがどんな働きをしているのかはまだわからない。だがベルーハ氷河の酵母は、氷河の上に一般的にいる種類であり、生態的にも何か重要な役割があるかもしれないということだけはわかり、着実に前進はした。

これらの種類は予想したとおりに、富栄養の培地ではなく十倍、百倍希釈した培地でよく生えていた（図4・3）。さらに、そのうちの一種類はほとんど有機物を含んでいない寒天のみの培地でも、継代して培養することができたのだった。確認のために、各種培地に含まれる溶存有機物量を測定したところ、百倍希釈したものでだいたい氷河の五〜十倍の濃度、寒天のみの培地は、世界各地の氷河と同程度または二〜三倍高い濃度であったことがわかった（Uetake et al., 2012）。このことは、四度の低温、そしてほとんど栄養を含まない環境で単離された培養株は、おそらく有機物の塊などがほとんど存在しないベルーハ氷河の雪のようなきわめて過酷な環境でも、十分に増殖できた可能性を示してくれたのだった。

この時に培養できたグループ4の *Mrakia* 属の酵母は、栄養が高い培地でしか生えてこなかったので、氷河の酵母ではないとしてあまり気にしてこなかった。しかし、世の中にはマニアックな奴がいるもので、最近極地研になぜかポスドクとしてやってくることになった辻 雅治さんは、この *Mrakia* 属の専門家であり、これらに発酵能力があることを教えてくれた。これは、氷河に多くなくても氷河から単離した酵母なので、氷河ビールが作れるか？ と昔の夢を思いだしたが、アルコール濃度がそれほど上がらず、味も良くないとの話を聞いてしまって、モチベーションが上がらず、まだ試せていない。

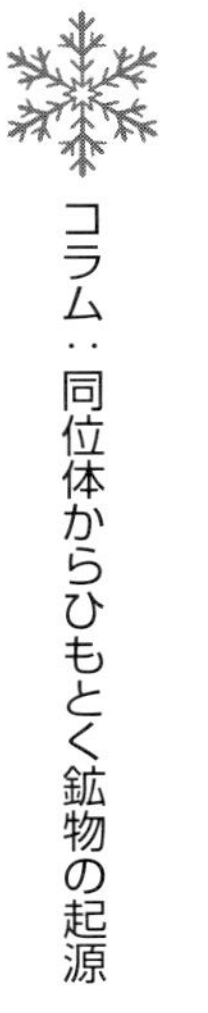

コラム：同位体からひもとく鉱物の起源

初めて調査をともにした永塚さんの研究テーマは生物そのものではなく、風や氷河の流動、そして微生物活動によって集積する鉱物の起源がどこにあるのかを推定することにある。これまでに、私たちの雪氷生物のグループでは取り組んでこなかった新しい分析手法を使った彼女の研究からは、いろいろと新しいことがわかってきた。氷河上の鉱物に含まれるストロンチウムとネオジムという元素のそれぞれ二種類の安定同位体比から、その鉱物がどこを起源としているのか推測することができるのだ。この方法で鉱物の量がひじょうに多い中国の天山山脈の氷河の鉱物が、近くのタクラマカン砂漠由来だけでなく、ゴビ砂漠からもやってくることを明らかにしたり（Nagatsuka et al., 2010）、グリーンランド（第6章参照）の鉱物組成から、氷河の特色などを出すことに成功している（Nagatsuka et al., 2014）。

第5章

沙漠の中の茶色い氷河

（中国・祁連山脈）

図5･1　七一氷河の位置.

沙漠の氷

広大な国土面積を誇る中国は南はヒマラヤ山脈、チベット高原、西には天山山脈、そして中央部には祁連山(きれんさん)脈(みゃく)という、氷河を頂く峰々を多くもっている。そのため氷河の研究は昔から盛んにおこなわれている。二〇〇三年九月、中国西部の甘粛省(かんしゅくしょう)の州都、蘭州(らんしゅう)にある中国人氷河研究者とともにさらに西の祁連山脈の氷河観測に行くことになった。

蘭州は、とても乾燥している。空港から市内へと伸びるハイウェイ沿いは乾燥した土がむき出しで、スプリンクラーで放水して植林された小さな緑が維持されていた。街の中心地に入る前に、黄河にかかる大きな橋を渡る。黄河は、乾燥した大地からの鉱物を含んで、文字どおり茶色く濁った川だ。だが、その水量は圧倒的に多く、そして力強く、奥まった内陸にもかかわらず川幅は、日本

写真5・1
夜中に寝台電車に乗り込んだ.三段ベットの最上階に潜り込んで,翌朝まで移動した.

の一級河川の河口付近よりもさらに広い。

ここで氷河研究者の段 克勤さん（中国科学院氷河凍土研究所）と落ち合い、夜行寝台特急に乗って、さらに西へと向かった。この特急は夜通しシルクロード沿いに西へひた走り、翌朝には甘粛省の西のはずれの酒泉（しゅせん）に到着する。寝台特急といってもゴージャスなものではとてもなく、薄くて固い三段ベットが狭い空間に無数に並び、中は人々とその熱気にあふれている（写真5・1）。とても狭く、大勢の旅行者の喧噪がうるさいが、初めての中国に五感が刺激され疲れていたのか、こんなベッドでもぐっすりと寝てしまった（基本どこでも良く眠れるのだけが私のとりえですが）。

翌朝、まばゆい朝日を感じて、ベットから起き上がって外を眺めると、一面に茶色の、蘭州よりもさらに乾燥した大地が広がっていた。寝ているうちに中国第二の沙漠地帯〝ゴビ沙漠〟のまっただ中に来

写真5･2　植生もまばらな砂漠の向こうに，白く輝く峰々が見える.

ていたのだった。

南の彼方にそびえ立つ茶色の山の頂には、朝日を浴びて氷河が白く輝いていた。周りの茶色とのコントラストが、際立っていてとても不思議な感覚だった。乾いて荒涼とした山の上に、大きな氷の塊があるということは、これまで訪れた他のどのフィールドとも違って、実際に行くまでイメージしにくかったが、氷河は確かにそこに存在していた（写真5・2）。

酒泉駅で寝台特急を降り、迎えにきてくれた中国科学院の四輪駆動車に乗り込んだ。途中市場に寄って、ベースキャンプで使う食材を調達した。色とりどりの野菜や、日本では見たこともないさまざまな太さの春雨が売っていて、見ているだけで楽しい（写真5・3）。酒泉の街の中心部では、かなり不自然な感じで大型クレーンが立ち並び高層マンション群を建設中だった。中国の内陸部は、発展がめざましい沿岸部に比べて開発が遅れていた。そのため、この数年前くらいから西部大開発という国家プロジェクトで、内陸部のてこ入れが始まっていたのだ。

写真5・3
野菜，肉なんでも揃う市場.

高原地帯に入ると、ハイスピードで疾走する四駆車の横に、のんびりと羊たちが放牧されている景色が広がっていた。たいがい中国のドライバーさんの運転は荒く、しかし、文句もいえないような強面が多い。たまに路上に大破した車が転がっているのを見かけると、道中の安全をただただ祈るばかりである。ダートの道を上下に激しく揺れ、天井に頭を幾度もぶつけながら、砂煙を上げて車は爆走を続ける（写真5・4）。半日ひた走って、やっと目的とする七一氷河手前のベースキャンプに到着した（写真5・5）。

このキャンプは、氷河から四・五キロメートル離れた河岸段丘の上にあって、そこから毎日歩いて氷河に向かった。徒歩で四・五キロメートルの道のりは近いとはいえないが、氷河と荒涼とした山の壮大な風景や、足元の花や動物などの自然を見ながら歩くのは意外と楽しかった。

写真5･4　山道をかっ飛ばしてきた四駆車．山中で突然停車して，道路作業のおじさんたちとの談笑が始まった．

写真5･5　放牧ヤギの大群に囲まれたベースキャンプ．

氷河は、遠くから見ると周囲の乾いた茶色の土に引き立てられて、真っ白に見えるが（口絵3）、いざ近くで見てみると表面は意外と茶色い（口絵5）。顔を近づけて注意深くその表面を観察してみると、茶色い鉱物の粒子に混ざって、奇妙な小さな〝粒〟がたくさんあった（口絵11）。この粒は、直径が一ミリメートルくらいで、きれいな丸い形をしていて、指先に取って潰してみると、ややねっとりとした感触が残った。

じつはこの粒は、微生物の集合体だ。クリオコナイト粒（cryoconite granule）と呼ばれるもので、雪氷微生物が周辺から飛んできた鉱物とからまったものなのだ。十九世紀半ばの北極探検が盛んにおこなわれていた時代、スウェーデンの探検家（アドルフ・ノルデンショルド：Adolf Nordenskiöld）がグリーンランドで初めてその存在を発見し、現在では世界各地の氷河で見つかっている。

微生物が氷河を融かす

このクリオコナイト粒を、蛍光顕微鏡という特定の波長の光だけを当てて、対象物を光らせる顕微鏡でのぞいてみる。すると、一見ただの泥の塊に見えるこの粒には、さまざまな微生物が棲んでいることがわかる（口絵20）。体積の多くを占める赤色に光る糸状のものは、シアノバクテリアとよばれる光合成をおこなう微生物だ（図5・2）。彼らは、太陽光を使って二酸化炭素を炭素に変えることでエネルギーをつくり、その反応産物として環境中に酸素を放出する。原始の海では、他のタイプのシアノバクテリアが堆

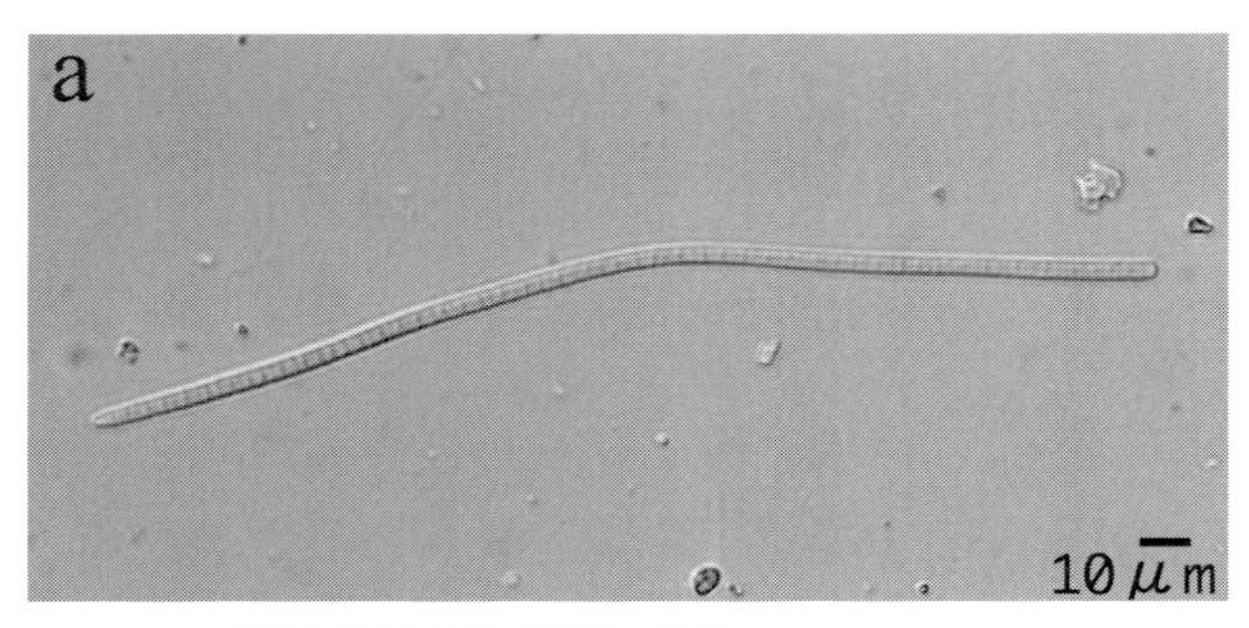

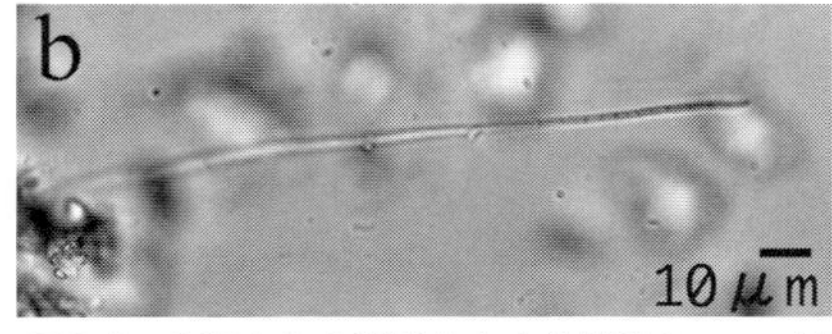

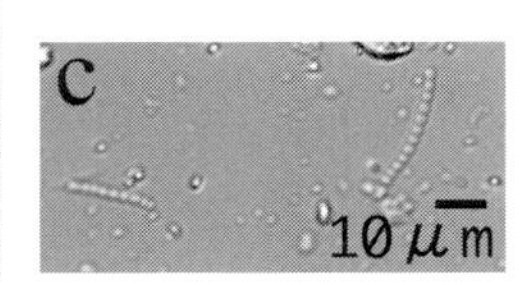

図5･2　氷河上から観察された糸状性シアノバクテリア3種（Uetake et al., 2006b を改変）.

積物とともに何層にも積み重なりストロマトライトとよばれる岩石をつくり、そこで光合成をすることで酸素を発生させ、それまで地球上にわずかにしか存在しなかった酸素を大気中に満たしたのだ。もちろん現在でも彼らが存在することによって、私たちのような酸素を使って呼吸する生物の根本を支えている。

このシアノバクテリアは、海から川、土壌、岩の中にいたるまで地球表層の光のあたるさまざまなところに棲んでいる。さらに極限環境とよばれる高温、高酸性、高アルカリなど、ふつうの微生物が棲めないような過酷な環境でも生きられるタフな種類が多い。クリオコナイト粒は、氷河上の低温を好んで棲んでいるシアノバクテリアが増えて、まるで毛糸玉の毛糸のように何重にも絡み合ってできた構造なのである。

この層構造は、粒を半分に切って内部の構造を詳しく見てみるとよくわかる。毎年少しずつ成長するシアノバクテリアによって作られる層は、まるで樹木の年

【フィールドの生物学⑲】

雪と氷の世界を旅して

雪氷生態系調査記

植竹　淳　著

B6判・並製本・220頁　定価（本体2000円＋税）ISBN978-4-486-02000-4　2016.8

雪や氷河など生きものの気配がない場所にも小さな微生物がたくさん棲み、独自の生態系を作り、氷河が融解するのを加速させる物質を作っている。著者が訪れ調査した世界各地の氷河から、その不思議な生態を紹介する。

【フィールドの生物学㉑】

虫こぶ

植物を操る魅惑の虫たち

徳田　誠　著

B6判・並製本・240頁　定価（本体2000円＋税）ISBN978-4-486-02097-4　2016.8

虫こぶとはタマバエ、アブラムシや菌類などが植物に入り込んで出来る、葉や茎などにつくコブである。本書では、虫こぶ形成昆虫と寄生植物の相互の関係を中心に、そのメカニズムの解明に挑む過程を、調査の様子とともに紹介する。

【フィールドの生物学㉒】

竜宮城は二つあった

ウミガメの回遊行動と生活史の多型

畑瀬英男　著

B6判・並製本・248頁　定価（本体2000円＋税）ISBN978-4-486-02104-9　2016.8

屋久島うみがめ館による27年間にわたるアカウミガメ産卵個体の識別調査から得られた繁殖履歴を用いて、ウミガメの生まれ故郷である「竜宮城」を仮説する。また、ウミガメ類が1億年以上も生き残ってこられた理由など、ウミガメを通して生物多様性のおもしろさを解説する。

上高地の自然史

森を形づくり、森を育てるもの

若松伸彦・目代邦康・岩田修二　編

A5変判・並製本・260頁　定価（本体2700円＋税）ISBN978-4-486-02106-3　2016.8

上高地自然史研究会が、20年以上にわたり調査・研究を行ってきたその成果をまとめる。上高地の自然の成り立ち、地形の変化との関係、生態系とのつながりなど、美しい自然を形づくる仕組みをわかりやすく解説し、貴重な資源としての自然の大切さを伝える。

東海大学出版部

出版案内

2016.No.2

「はじめての古生物学」より

東海大学出版部
〒259－1292 神奈川県平塚市北金目4－1－1
Tel.0463-58-7811　Fax.0463-58-7833
http://www.press.tokai.ac.jp/
ウェブサイトでは、刊行書籍の内容紹介や目次をご覧いただけます。

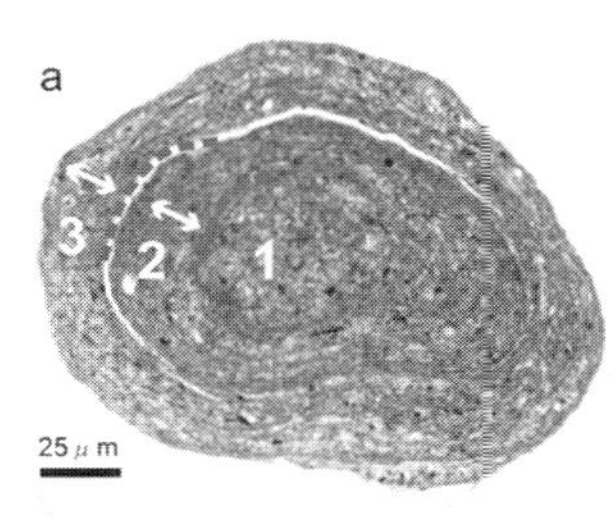

図5・3　中国，ウルムチNo1氷河のクリオコナイト粒の断面（Takeuchi et al., 2010）.

輪のようにくっきりとしていて、この数を数えることでクリオコナイト粒ができた年数を推測できる（図5・3）。中国の他の氷河でこの年数を計測した結果だと、直径一・五ミリメートルの粒ができるのには約三・五年かかることがわかってきている（Takeuchi et al., 2010）。

また、バクテリア16S rRNA遺伝子の解析から、この層構造の中には五種類以上の糸状シアノバクテリアと、他のさまざまなバクテリアが棲んでいて、この小さな空間の中で、微生物を介した窒素の循環がおこわれていることもわかってきた（Segawa et al., 2010; 2014）。

雪氷微生物の恰好の棲み家となっているこのクリオコナイト粒は、氷河微生物ハンターのマニアックな採取欲をかき立てるだけではなく、地球科学的にとても無視することのできない現象を引き起こしている。それは、このクリオコナイト粒が、氷河が融けるスピードを加速させているということだ。

通常、氷河といって想像できるのは青白く輝く氷の塊かもしれない。ところが、このクリオコナイト粒に覆われた氷河は、見た目に茶色や黒っぽい色になってしまう。そうすると太陽の光を吸収しやすくなり、その熱を氷河に伝えて、氷が融けるのを加速させてしまうのだ。

もし完全な白色であれば、反射率（アルベド）は百パーセントで、完全な黒色なら反射率は〇パーセントである。クリオコナイトに覆われた氷の場合、反射率はおおよそ二十パーセント程度である。氷河の氷の反射率は四十パーセント程度なので、この差の約二十パーセントがクリオコナイトの存在によって低下していることになる。私がこの氷河にやってきた理由は、まさにこの微生物による氷河の融解促進を調べることにあった。

圧倒的に多い生物量

七一氷河の観測も、総合地球環境学研究所のオアシスプロジェクトの一環として実施されていた（第3章参照）。この氷河は、はるか北にある内陸の湖に注ぎ込んで消滅する、黒河とよばれる河川のまさに源流である。この氷河にどれくらいの雪が積もって、どれくらいの水が融けて流れ出すのかは、この黒河の水の量と流れ方、そして下流の人々の生活に直接的な影響をあたえている。

それなので七一氷河の調査チームは、現地で氷河が融ける量、河川として流れ出す水の量などを、観測に基づいて正確に計測していくことがミッションであった（写真5・6）。私自身は二〇〇三年と二〇〇四年に、氷河の変化などを明らかにするための観測や機器設置などのお手伝いをした（写真5・7）。その傍らで、微生物が作るクリオコナイト粒に関するサンプリングや観測をおこなってきた。

この七一氷河は、下流は茶色く汚れた氷がむき出しになっているものの、上流部は真っ白な雪に覆われ

写真5･6
a) 氷河からの融解水の流出を計測する坂井亜規子さん．b) 氷河と地形の測量をおこなう奈良間千之さん

写真5･7　スチームドリルを背負って，ステーク（棒）をセットする準備をする著者．

ている。したがって、アラスカの氷河のように標高によって棲んでいる微生物の種類や量が変化するだろうという狙いで、氷河の下から上流まで表面の氷を採取した。

蛍光顕微鏡を使って、地味に一つひとつの微生物の細胞を数えるのだが、中に入っている微生物の数が、今まで見てきた氷河のサンプルと比べて圧倒的に多い。サンプルの濃度を薄めて観察してもあまりにも数が多すぎる。どうやって処理していこ

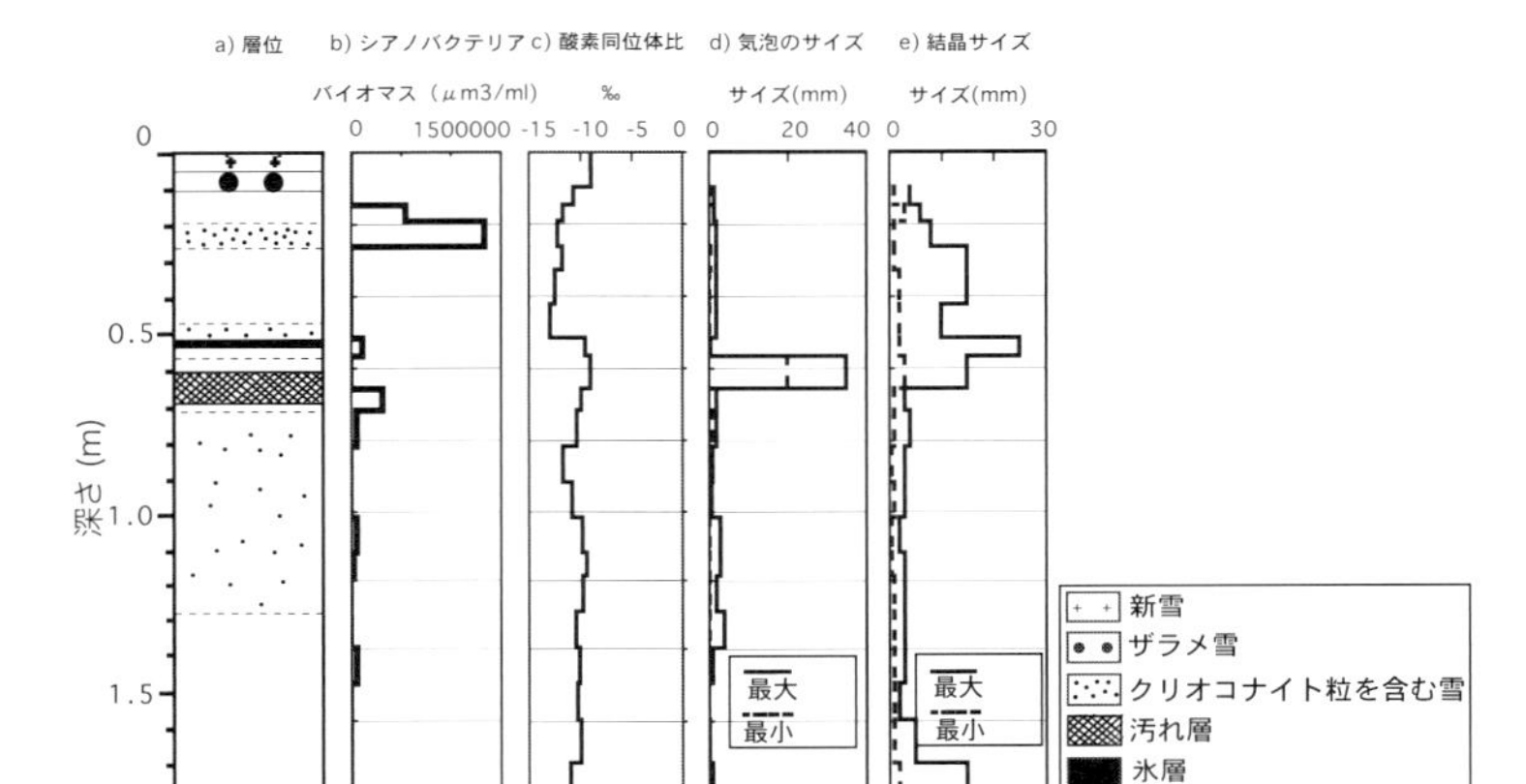

図5・4　1.8mのアイスコアの層位，シアノバクテリアバイオマス，酸素同位体比，気泡と結晶のサイズの深度分布（Uetake et al., 2006bを改変）.

うか困惑したが、ちょうどこの頃急速に普及してきたデジタルカメラで、光合成色素が赤く光るシアノバクテリアの顕微鏡画像を撮って、画像処理でその数と面積を求めることにした。

氷河の上流で、どのように氷河の中に汚れている層が取り込まれていくのかを見るために、ごく短い（浅い）アイスコアのサンプルの分析をおこなった（図5・4）。そうすると雪の中にもクリオコナイトの粒子が含まれていたり、見た目に汚れている層では顕著にシアノバクテリアの量が多いことがわかってきた。

また、融解が始まる前の六月から融解が盛んに起きている八月下旬までの季節積雪の深さと氷河氷の減少を追いかけてみると（図5・4）、積雪中に入っていたシアノバクテリアが多い汚れ層が、氷の表面に露出すると反射率が急激に低下して、氷の高さも変化していることがわかってきた。

私たちのグループの活動で、これまでに雪氷生物による

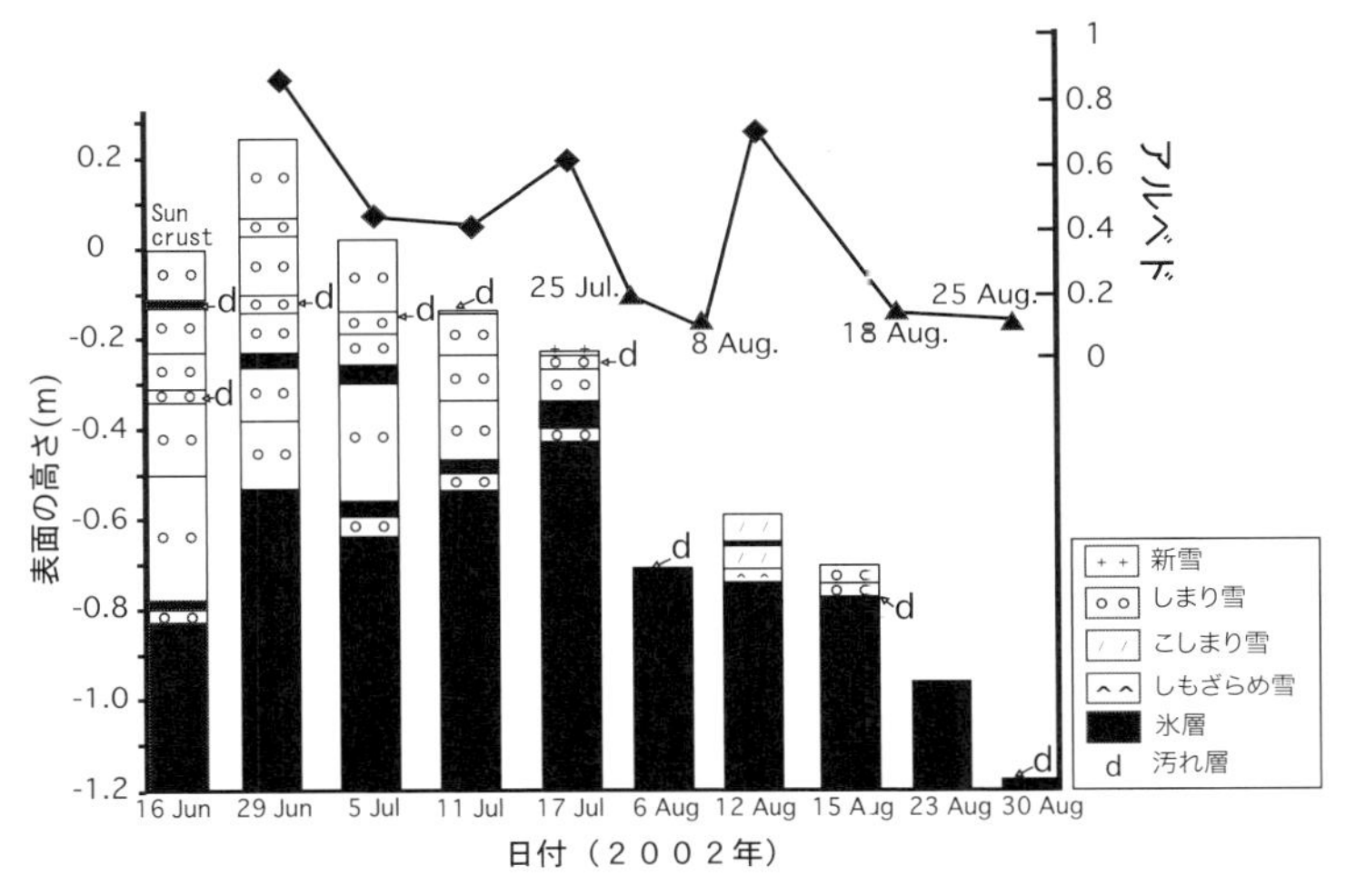

図5・5　氷河表層の積雪状態(表層の高さ，雪質)と反射率(アルベド)の季節変化(2002年6月16日から8月30日まで，Uetake et al., 2006bを改変).

反射率の低下は世界各地のさまざまな氷河で観察されているが、この七一氷河のもっとも特徴的な点は、他を圧倒する微生物量にある。共同研究者であり先輩である千葉大学の竹内さんは、これまでにアラスカ、ロシア、ネパール、北極、パタゴニアなど世界各地の氷河から、氷の上にのっている炭素の重量を測定してきた。その結果、この七一氷河の有機物量は他のどの氷河よりも多く、いまだこの記録を抜かすような記録はでてきていない（図5・5、Takeuchi et al., 2005）。

なぜ、こんなに微生物の量が多くなったのだろうか？　この氷河の研究にタッチしていらい、この問いに対する答えを常に考え続けてきたが、いまだ確信をもって言えるようなものはない。しかし、風で運ばれて氷河上に大量に積もった鉱物粒子と、その影響で変化した氷の化学成分が微生物の増殖になんらかの影響を与えているではないかと予想している。

というのも、七一氷河は炭素の量のみならず、周りから飛んでくる鉱物の量もかなり多い。鉱物粒子の発生源となるような沙漠地帯にこの氷河は囲まれているからだ。たまにダストストームとよばれる砂塵がやってきて、辺り一面を霞ませてしまうほどである（口絵12）。

七一氷河の化学成分が鉱物粒子によって強く影響されていることは、氷に溶けている各種イオンの濃度を調べてみるとあきらかだ。他の氷河に比べて、鉱物粒子に付着している炭酸カルシウムから溶け出しているカルシウムイオン（Ca^{2+}）濃度が顕著に高く、また、この影響などで多くの氷河で弱酸性（ピーエイチ約五・五）を示すピーエイチ（pH）が平均七・〇七と高めになっていた（三宅ほか、二〇一四）。このため一般的に弱アルカリを好むといわれているシアノバクテリアにとって好ましい条件であった可能性が考えられる。また、氷河の上に堆積した鉱物粒子は、氷河上の微生物が付着する基物になりえるし、また、シアノバクテリアの増殖を促進させるリンなどの栄養塩や微量なミネラルが溶け出している可能性がある。

この推測を、確信に変えるためには観測事実の積み重ねと実験室での検証が不可欠だ。そのため、クリオコナイト粒を構成するシアノバクテリアを培養して、いろいろな条件での生え具合を観察していく必要がある。この氷河からは、まだシアノバクテリアを培養できていないが、次の章でとりあげるグリーンランドの氷河からは、クリオコナイト粒をつくっている糸状シアノバクテリアの培養に成功し、まさに今、その謎解きにとりかかっているところだ。

楽しいキャンプ生活

二〇〇三年には二週間、二〇〇四年には一ヶ月半も現地に滞在し、だいたい毎日氷河に通っていた。そして周辺に住む遊牧民やたびたび訪れてくる中国人研究者と楽しいキャンプ生活をおくることができた。

まず一番印象的なのは日々の食生活だ。キャンプにはコックさんが常駐してくれていたので、毎日日替わりでいろいろな料理を作ってくれた（写真5・8）。今まで中華料理といえば麻婆豆腐や青椒肉絲くらいしか知らなかったが、限られた食材の中からさまざまなバリエーションの料理を作ってくれた。キッチンテントの中は二十畳くらいの広さがあるが、四分の一はキッチンと食材置き場、残りのスペースには木の板をただ乗せただけの簡素な食事用テーブルが入っていた。用がないときはここでだらだらとお茶を飲んだり、スナック代わりのヒマワリの種を食べたりとくつろぐことができた。

ふだんの食事もにぎやかで楽しかったが、宴会となると盛り上がりはいっそう激しかった（写真5・9）。基本的にベースキャンプにいる中国人のおじさんたちは、みんなお酒が好きだ。私もお酒が好きなのだが、アルコール度数四十度の白酒（パイチュウ）を乾杯していっきに飲み干さなければならない風習は、けっこう効いた。複数または二人で、何か感謝の気持ちなどを伝えてお互い飲み干すというのが暗黙のルールだ（写真5・10）。盛り上がれば盛り上がるほど、乾杯しにくる人の頻度は増えてくるので、最後には完全に酔いつぶれてしまう。

ある時、近くのチベット系遊牧民のテントで宴会があり、とても安そうなペナペナのペットボトルに入

写真5・8
毎日バリエーションに富んだ料理を作ってくれたコックさん.

った（つまり安酒）、ヤギのラベルの度数六十度の白酒が出てきた。これはとんでもなく破壊力があり、一同すぐに泥酔状態となってしまった。テントの中になぜかあるカラオケセットでみんな熱唱し、最後にはチベットの民族衣装を着て民族舞踊を踊り、宴会は最高潮に達した。

このチベット風民族舞踊は、エアロビクスのようにとても動きが激しく、酔いが回る。この日の終盤はまったく記憶がなく、翌日は自分のテントから終日出られなかった。現場リーダーだった名古屋大学の坂井亜規子さんの話だと、私は周辺に穴を掘って棲んでいるマーモット（写真4・2）を探して徘徊し、いっしょに遊びたいとわめきちらしていたらしい。ふだんは酒に強いドライバーさんたちでさえ、次の日はろくに姿を見なかった。

ベースキャンプには食料となるニワトリやヤギなどが放し飼いにされている時もあった。けっこ

写真5･9　食堂での宴会の一コマ．飲めや食えや歌えやと，とても賑やか．

写真5･10　白酒(パイチュウ)を一人ひとりにつぐ遊牧民のお母さん．
一口で飲み干すのが礼儀．

う可愛いので、めんどうをみたくなってしまうのだが、食用となるうえしめなければならない時がくる（写真5・11）。ヤギは首を切り落とされ、その血、内臓、皮にいたるまで余すところなく食材や資源として使われた。日本の生活では、これらの行為が私たちの目のとどかないところでおこなわれるため、現実感に乏しい。私たちが生きていくために犠牲となる動物への感謝

写真5・11　a）ベースキャンプで飼っていたニワトリを愛でる奈良間千之さん．b）遊牧民から買ったヤギと戯れる著者．彼らはもちろんこの後食材になった．

の気持ちを感じざるをえなかった。

食事の次に記憶に残るのは、夜空だ。水蒸気が少なく乾燥しているうえに、標高が高いので、夜な夜なテントから這い出て用を足しに行くと、辺り一面には数えきれないほどの星がきらめいている。じつは星座をよく知らないのだが、そんなことを恥じる必要はなかった。星がありすぎて、もはや星座の区別がつかないくらいであった。とてもきれいなのだが、あまりにも超越しすぎて、空から圧倒的な重圧感を感じてしまう。寒いということもあるのだが、ロマンチックにずっと星空を眺めているという気分にはなれずに、用を足すとそそくさと暖かい寝袋に引きこもってしまった。

用を足すで、思い出してしまったが、トイレ事情も楽しい。一年目はベースキャンプ脇の河岸段丘の広くて平らな、とても見通しの良い丘の上すべてがトイレであった。その日、その日に気に入った場所で、誰かいないかチラッと見て用を足す。乾燥しているので、人のものも羊のものも乾燥して、それほど汚らしい感じはしない。

しかし翌年行ってみると、なんとコンクリート製の立派なトイレがベースキャンプのやや下にできていた。これは、いわゆるニーハオトイレといわれる類のもので、中に入ると仕切りも何も無くひとまたぎできる大きさの穴が何ヶ所かあいているだけだ。最初はどっち向きに使うのか戸惑った。顔を合わせないように奥を向いていると入ってきた人からケツ丸出し状態だし、手前を向いていると入ってきた人に、「やあ、こんにちは」という具合である。迷ったが、けっきょくニーハオトイレといわれるだけあり後者が正しく、新しく入ってくる人には「ニーハオ（こんにちは）」と挨拶するのがマナーであった。慣れてくると、用を足しながら、談笑するなんていうこともあり、これはこれで楽しい思い出である。

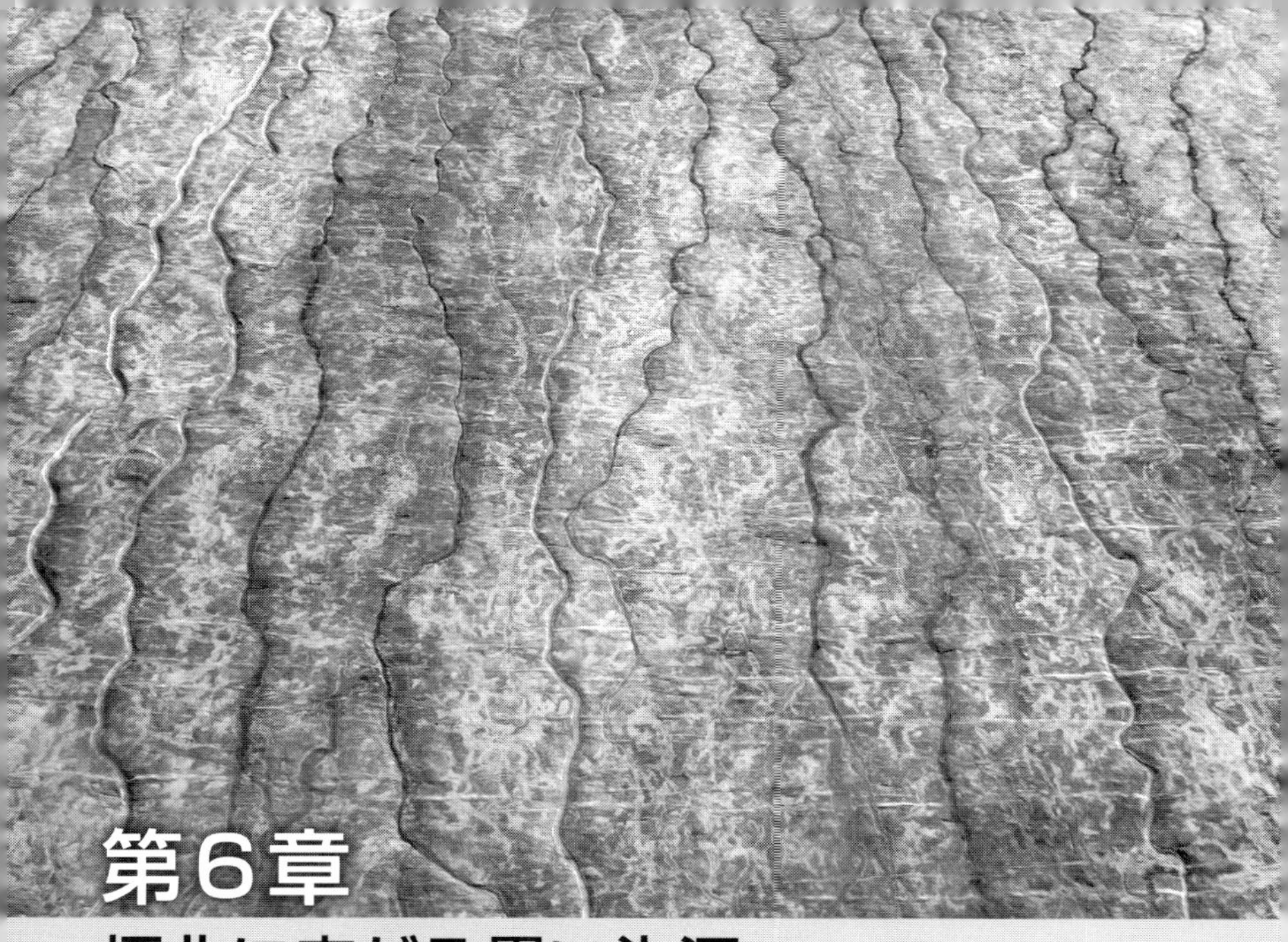

第6章

極北に広がる黒い氷河

（グリーンランド）

緑の少ない氷の島

グリーンランドに行けるかもしれない。そんな話が舞い込んできたのは、国立極地研究所にポスドクとして就職した、その年の春だった。グリーンランドに行くから準備しておいてくれと、つい最近まで指導教官であった幸島先生からの指令がきたのだった。しかし行き先には、いくつか候補が挙げられているだけで、詳細に関してはまったく何も決まっていなかった。

それまでグリーンランドについて「氷に覆われた北の大きい島」ぐらいの認識しかなかった私だったが、さっそく情報収集と研究調査のプランニングに入った。

幸いにも、グリーンランドではベルーハ氷河やマッコール氷河のアイスコア掘削でお世話になった山ちゃんが犬ぞり探検で活動をしているので、多くのアドバイスを聞くことができた。

意外にもグリーンランドには飛行機の定期便が頻繁に飛んでいる。とくに西グリーンランドには居住区が多く、北から南まで点々とだが各地にアクセスができるため、グリーンランド北西部から中西部までの、三ヶ所の村や街を拠点として周辺の氷河を巡ることになった。

そもそもグリーンランドってどこの国？と思うかもしれないが、じつは北欧の一番南で、一番小さな島国、デンマークの自治領である（最近はグリーンランドの自治権が強くなってきている）。デンマークの首都コペンハーゲンからは毎日何便もの大型ジェット機が中西部のカンゲルルースアークを往復している。それなので日本を出発して二日後には、グリーンランドの氷に触れることができるのだ（図6・1）。

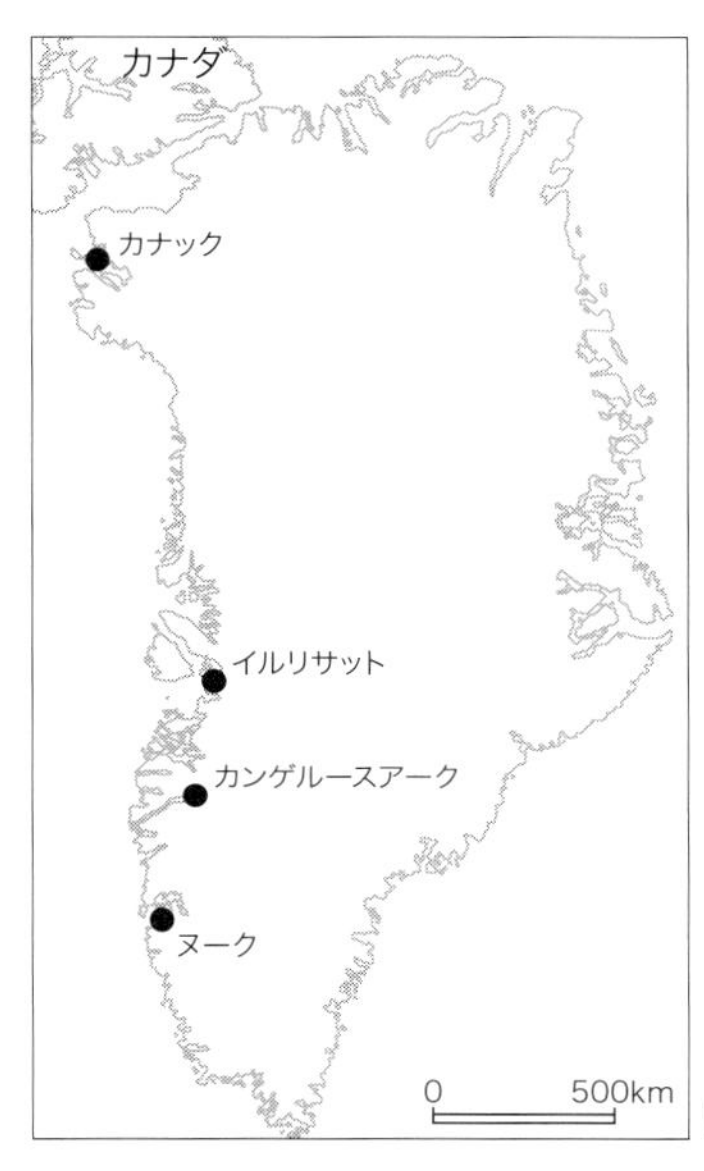

図6･1　極北の村カナックの位置.

このカンゲルースアークという町は、内陸に入り込んでいる細長いフィヨルドの入江に位置しており、名前の由来もグリーンランド語で〝長い入江〟である。もともと定住者はおらず、おもに狩りの際のサマーキャンプ地として使われていたのだが、第二次世界大戦中に軍事目的で空港が建設されたのだった。現在でも空港の一部は、米空軍が利用しており、居住者は空港、軍、観光に関連する人がほとんどだ。グリーンランド各地へは、この空港を拠点として、小型飛行機に乗り換えて向かうことになる。カンゲルースアークを出発してから世界遺産であるヤコブセン氷河のあるイルリサットなど、複数の村に停まりながら北西部のカナックへと向かう。カンゲルースアーク周辺の乾いた荒涼とした地面からから一転して、氷と海のみの世界の上を飛んでゆく。

写真6・1　グリーンランド北西部にある小さな村カナック．北欧風の民家が立ち並ぶ．

極北の小さな村カナック

カナック村の人口は約六五〇人（写真6・1）。デンマーク人との混血が進んでいるグリーンランドにしては、もともとの居住者だったイヌイットらしい風貌（日本人に似ている）の人が多い。カンゲルースアークから乗り継いできた小型飛行機は、砂利の滑走路に着陸し、乾いた大地に立つと目の前に氷山の浮かぶ海と氷河が見えてくる。極北のむき出しの大自然に囲まれたこの村には、じつは日本人女性、ダオラナ佐紀子さんが現地の方と結婚されて住んでいる（二〇一六年現在、南西部のヌークに在住）。佐紀子さんの、計らいにより私たちは村はずれにある小学校の宿舎に泊めさせていただくことになった。ここは小学校のあるカナックから遠い、もっと小さな村に住む子どもたちがふだん生活しているのだが、今は夏休みでみんな家に戻っていて、私たちで貸し切り状態であった。

植村直己さんの著書『極北に駆ける』（文藝春秋）にもこの村は登場する。植村さんは、南極点単独犬ぞり探検を見据え、犬ぞり技術の習得と北極点への単独犬ぞり探検の準備のため、この村の北約五十キロメートルにあるシオラパルクに一年間滞在していた。その間、犬ぞりの練習などのためにこのカナックを訪れている。植村さんの訪れた時代（一九七〇年代前半）は、まだまだ近代的な文明から取り残されていた感があり、現地の風俗が体験に基づきいろいろ紹介されているが、トイレ事情は衝撃的だったらしく、よく記述が出てくる。当時はトイレという部屋はとくになく、家の入口近くに置いてあるバケツに人がいても構うことなく、老若男女お尻を出して用を足すという習慣だったらしい。しかし、私たちが滞在することになったこの学生寮はひじょうに近代的かつ清潔で、洗濯機も大型冷蔵庫も、もちろんシャワーもトイレもあり、おまけに外にはバルコニーまで付いていてちょっとしたリゾート気分だ。植村さんの時代とは大きなギャップを感じる。ただ今でも共通するのは、トイレは水洗ではないので、汚物はすべてバケツの中に貯めるということだ。バケツにはとても分厚く頑丈なビニールの袋が入っていて、いっぱいになると針金で口を閉めて外に置いておく。汚物回収車がやってきて回収してくれるが、たまに締めがあまいビニールが乗せられていると、ダラダラと汚水を撒き散らしながら道を走っているので、注意が必要だ。

カナック氷河の微生物

快適な宿舎で一晩明かした翌日から、宿舎の裏手の丘を越えて村を流れる川の水源となっているカナック氷帽に向けて調査に出かけた。カナック氷帽はグリーンランド氷床からは独立した氷帽で、面積は二八九平方キロメートル、調査候補となったカナック氷河の長さは、およそ六キロメートルである。これまでメンバーの誰もが来たことがないので、どこで試料を採取するのかもまったく決まってないが、ここは経験と勘をフルに活かして〝獲物〟を探すしかない。

このカナックを調査地と選んだ理由は、衛星画像で見て「北西のカナックの方は黒っぽくて、中西部のカンゲルースアークは白っぽいので、何か生物が違うやろ」という、なんとも大雑把な幸島先生の直感によるところが大きかった。つまり前章の中国の氷河を融かしていたような、雪氷微生物による氷河上の〝汚れ〟がここにもあるのではないか、そう推測されたのだ。

定まった目的地点もなく、何となく氷に向かって一時間半ばかり登ったところで、カナック氷河とよばれる氷河の中流部に到達した。さっそく周辺の氷の上で調査を始める（図6・2）。

初めての氷河に行くときはいつも、「予想よりも生物がいなくて、調査が上手くいかなかったらどうしよう」と考えてしまいがちだ。しかし、ここではそんな不安に反して、一発で氷河の表面に散らばる粒ぞろいのクリオコナイト粒をみつけられたのだった（図6・1のQA3の辺り）。後々の研究から明らかになることだが、この氷河でクリオコナイト粒が多く分布しているのは、最初に訪れたその一帯だけであった。まるで、私たち調査隊がクリオコナイト粒に引きつけられたかのようであった。サンプルを採取して、周囲を歩くと氷河の中心部には、幅二メートルくらいの巨大なウォータースライダーのような水路があり、

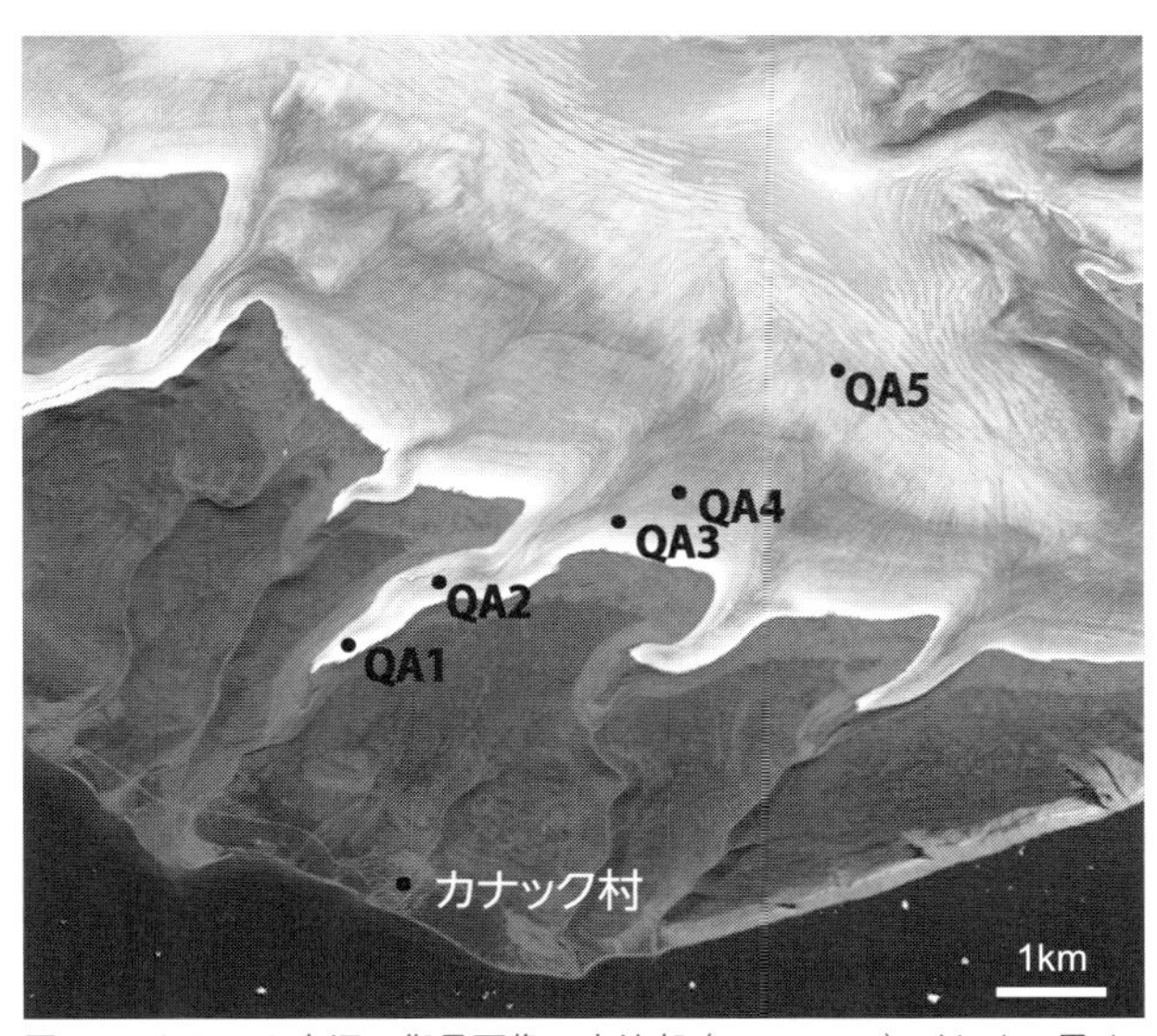

図6・2　カナック氷河の衛星画像．中流部（QA3, QA4）がとくに黒く，この部分にクリオコナイト粒が集中して多い（Uetake et al., 2016を改変）．

轟々と音を立てて流れていた。クリオコナイト粒などによって上流の氷河の融解が促進され、融解水が集まってできたものだった。その四年後に再び同じ水路を観察することができたが、その時には渓谷とよべるぐらいの規模に発達していて、水路は狭く切り立った壁の中をうねるように流れ、急激な変化に驚いた。

高度ごとに四ヶ所で採取した試料の顕微鏡観察の結果、この氷河にはどこの氷河にもいるおなじみのコスモポリタンの緑藻類（口絵17）が下流の二ヶ所で優占（多く存在）していた。これらの種は、見た目には独立した単細胞と連鎖状という明らかな違いがあるのだが、真核生物の分類に使われる18S rRNA遺伝子を比べてみると、よく似ている親戚どうしである（Remias et al., 2009 ; 2011）。また緑

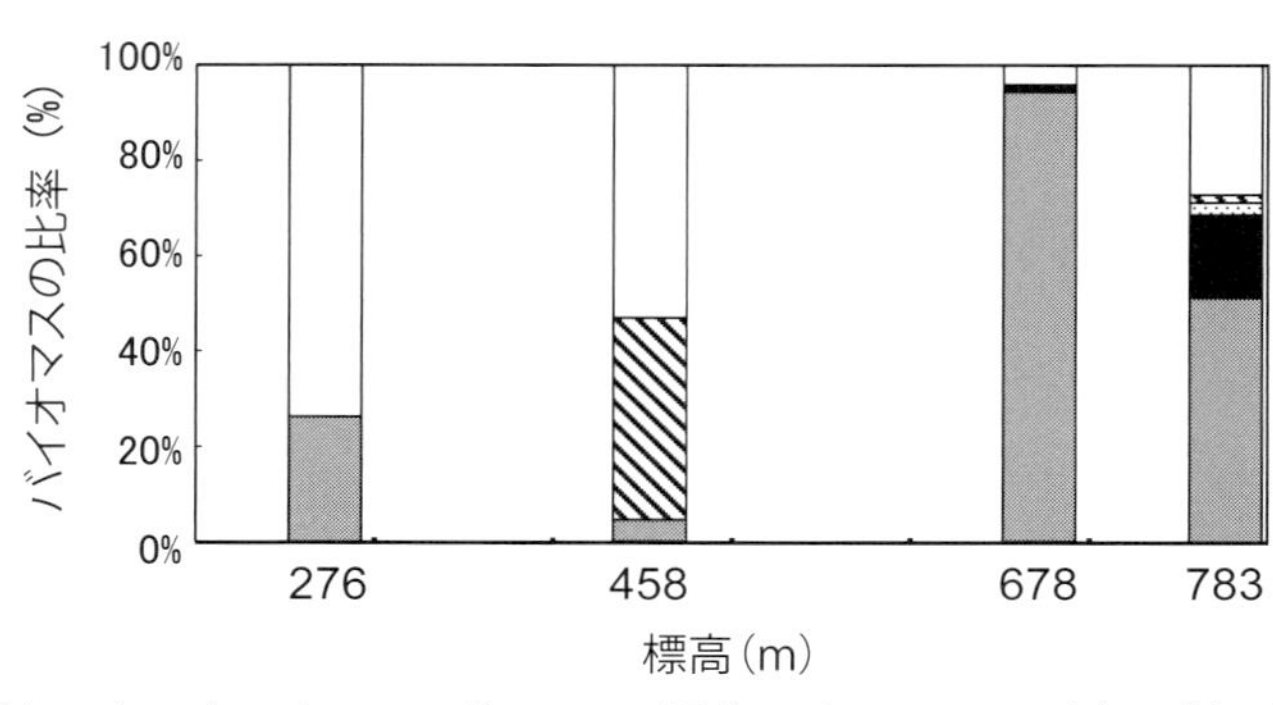

図6・3　カナック氷河に棲息している光合成微生物のバイオマスの高度変化（Uetake et al., 2010を改変）.

藻類という名に反して、暗い赤紫色の色素をもっているという共通点もある。

これはアラスカのハーディング氷原で出現した赤雪の原因である赤い色素をもった緑藻類と同様に、氷河上の強い紫外線から細胞を守っている「サングラス効果」があると考えられている（Yallop et al., 2012）。これが辺り一面に分布しているものだから、氷の上も赤紫がかった色になり、海に浮かぶ真っ白な氷山とは対照的に汚く見える（口絵4）（一般的には汚いが、私たちにはこちらの方が綺麗に映り、思わずニヤッとしてしまう）。

ここよりも上部の初日に訪れた地点では、赤茶色の緑藻類は少なく、かわりに、あのシアノバクテリアからなるクリオコナイト粒がたくさんみつかった。つまり下流部は緑藻類、中流部はシアノバクテリアが優占しているという高度分布をしていることがわかってきた（図6・3）。他の氷河でも一次生産者である藻類やシアノバクテリアの分布は、高度とともに変化していることが明らかになってきているが、その理由はさまざまである。もっとも大きな要因は、氷河表面の光や水がどのくらい長く使えるかということだ。ただそれ以外にも、栄養塩の供給などいろいろなことを考慮しないといけない。カナック氷河での高度分布の原因はまだよくわかっていない。ただ、これまでの研究成果を整理していくと鉱物の量と生物量、微生物の種類に関連がみられる。そのため、氷河上に堆積している鉱物の量がこのクリオコナイト粒の形成に影響をあたえる可能性があると仮説を立てて研究をすすめている（Utake et al., 2016）。

グリーンランドの日本人猟師

このカナックに初めて来た夏、私たちに与えられた時間は一週間だけだった。カナック氷河を徒歩で調査した数日間以外の残りの期間は、海と空から周辺の氷河を訪ねた。海からのアクセスには、佐紀子さんの呼びかけにより地元の猟師さんが協力してくれた。

カナック村は、グリーンランドでも数少なくなってしまった、伝統的な狩猟方法を守る村である。海氷の消える夏には手製のカヤックと手投げの銛でイッカクをしとめる。まっすぐと伸びたイッカクの牙は、高値で取引される地元の人の貴重な現金収入源であり、その皮から肉にいたるまで食料となる（写真6・2）。また海氷に覆われる冬から春にかけては、犬ぞりを使って氷上のアザラシを撃ち、氷に穴を開けてハリバットを釣る。

写真6・2
カナック村のスーパーマーケットの前に置かれたイッカクの肉と牙．現地の漁師さんの夏の重要な獲物の一つだ．

イッカクは、エンジンの音を警戒しモーターボートでは近づくことすらできないので手漕ぎのカヤックが必須だ。また犬ぞりの犬は、おそるべきシロクマの来襲をいち早く察知する。伝統的文化に実質的な役割があるからこそ、形だけでなく、狩猟文化がいまでも引き継がれてきた理由の一つであろうと思われる。いまだにアザラシの皮を張ったカヤック、手製の銛と浮き袋。そんなシンプルな道具だけを使って、〇度に近い海水の上で巨大な相手と対峙するその行為は、彼らの自然への敬意の現れのようにもみえる。この究極的な生活のスタイルこそが、山ちゃんをはじめ、佐紀子さん、そして古くは植村直己さんのように、多くの日本人を引きつけた理由なのかもしれない。

カナックよりさらに約五十キロメートル北西

のシオラパルク（先述の植村直己さんが住んでいた村）という最北の村には、なんと日本人でありながらグリーンランドの猟師になった大島育男さんという伝説の人が住んでいる。大島さんは植村直己さんと同じ時期に探検をしにきて、そのままグリーンランドに住み着き、猟師となった。スマホを使いこなす若者たちがより近代的な生活を求めて、都会やデンマークに渡ってしまい猟師が不足している今の時代に、大島さんは伝統的なグリーンランドの狩猟をおこなっている。山ちゃんとも交流があり、調査中には採ってきた鳥や魚や獣の肉を持って私たちを尋ねてくれ、元気づけてくださった。そんな生活スタイルを見ていると、私の目には大島さんがグリーンランド人よりも、グリーンランド人らしく、厳しい自然と向きあっているように見える。

海から半島の裏側へ

さて、話を元に戻そう。私たちがチャーターした猟師さんの船は、手製、手漕ぎの船ではなかった。彼らもふだんは、エンジン付きのモーターボートを利用する（手製のカヤックはこれに乗せておき、部分的に使う）。村の目の前に広がる海岸に行くと、二十隻ほどの小型ボートが停泊しており、このうちの三隻に分かれて乗り込み村を出発した。カナック村は、地図で見ると島のようにグリーンランド本体から切り離されたようにみえるが、一部が陸続きになっている半島である。この半島をすっぽり覆う氷帽の裏側に行くために、ぐるっと船で裏側に回りこむ作戦だ。海の上は、ビルのように大きい海氷が幾つも浮かんでいる。それらの横をすり抜けて、半島を回りこんでゆくと、青黒かった海の色が赤茶色に変化しはじめた（口絵9）。赤茶色の岩を削りながら流れている氷河の底面融解水が大量に流れ込んで、海を真っ赤に染めていたのだ。フィヨルドのつきあたりで船を降り、カナック半島の首の部分に到着した。赤い水が流れ出している氷河の上も、やはり同じ赤い色をしている。この氷河はカナック氷河の頂点から氷帽の反対側を流れているので、源流はカナック氷河と同じ成分の氷である。しかし見た目に、カナック氷河とはまったく印象が違った。

ここでも、いつものようにサンプリングをして、中に入っている微生物の顕微鏡観察をしてみた。すると氷帽の反対側のカナック氷河にはまったくいなかった違う種類のシアノバクテリが明らかに多く観察された。これらは丸い大きなボールのような塊を形成するシアノバクテリア（*Nostoc* sp.）であった（口絵18）。生物は、アミノ酸や核酸の合成のために水に融けている窒素分が必要である。素となる窒素は空気中に十分にあるものの、このかたちのままでは生物は利用することができない。しかし、*Nostoc* sp. を含む一部のシアノバクテリアやバクテリアには、窒素を大気中から取り込んで生物が利用できるアンモニウムイオンに変換すること（窒素固定）ができる特殊な能力がある。窒素固定をおこなう酵素は酸素に弱いため、光合成で酸素の発生する細胞から隔離された特殊化した細胞（ヘテロシスト）をもっている（口絵19）。この種が、この場所の窒素循環をコントロールしていることから、他の微生物の増殖にも影響を与えている可能性が考えられる。

実際に、氷河の上からＰＣＲ法でバクテリアの16S rRNA遺伝子を増やした結果、棲息しているバクテリアの群集構造が氷帽の反対側のカナック氷河やその他の氷河とはずいぶん違ってきていることが確認された。もともとは同じ氷がたまたま違う方向に流れ出し、長い年月をかけてゆっくりと下降する、その旅の過程で異なる岩を削り、その氷の化学組成と生物の群集構造を変化させたのだろう。

空から氷床を眺める

カナックにはヘリコプターが常駐していないものの、南に一一〇キロメートルは離れた最北の米空軍基地（チューレ空軍基地）からエアグリーンランドの真っ赤なヘリコプターが毎週定期便で飛んでくる。もともと、カナック村はこのチューレ空軍基地がある場所にあった。第二次世界大戦中にアメリカ軍がグリーンランドに駐在したことに始まり、戦後は東西冷戦下のアメリカ本土防衛のために基地が建設され、その際にもともとの居住者は今のカナックのある場所へと強制移住させられた。グリーンランドはアメリカと旧ソビエトの最短空路上に位置していたため、ミサイル防衛と攻撃の最前線基地として欠かせなかったからだ。（グリーンランドの頂上付近に位置するアイスコア掘削で有名な研究サイト（サミット基地等）なども、もともとはアメリカ軍のレーダー基地だった）。

私たちは幸運にも、チューレ空軍基地に待機しているエアグリーンランドのヘリコプターを使って、カナック周辺の氷河のようすを広域に観察して、サンプルを採取するチャンスを得ることができた。しかしヘリコプターのフライト予約は、メールだけのやりとりだったので、本当に飛んでくるのだろうかといさ

写真6・3　グリーンランドエアーのヘリコプター（Bell 212）．これに乗って離れた観測サイトへスムーズに移動できる．

さか不安であった。というのも、グリーンランドの各所とはメールでやりとりをすることができるのだが、日本の社会と比べてしまうと、どうしても返信が遅かったり、何の反応もなかったりすることが多いからだ。

フライト当日、海氷の浮かんでいる湾を不安な気持ちで眺めていると、真っ青な空からヘリコプターの音がかすかに響きはじめてきたような気がした。対岸に目をやると、米粒ほどに見える小さなヘリコプターがこちらに飛んでくるのが見え、安心した。

ヘリコプターは大型ではないが、十分なスペースがある（写真6・3）。パイロットから、簡単な安全講習を受けて、砂の飛行場を飛び立つ。すぐにカナック氷帽の上を通過するが、村から氷河まで歩いていた道のりなど、ヘリコプターに乗ってしまうと一分もかからない。あっという間に氷帽の裏側に回りこむと、氷帽の色がより黒くなってきたのがわかった。歩いて調査してきた部分も十分に黒かったが、その周辺にはさらに大量の微生物に覆われて黒くなっている場所があったのだ（口絵13）。

このフライトの目的は、カナックからはアクセスしにくいグリーンランド氷床上の生物による汚れ具合を視察することにあった。真っ黒に汚れたカナック氷帽を越えると、目の前にグリーンランド氷床が広がる。上空から眺める地平線のその先も、ここから約千キロメートルにわたり、ずっと氷なのだ。今までに見てきた氷河と比べてはるかに大きい氷の存在感に圧倒される。今回はフライト時間と予算が限られていたため、あまり奥まで行くことはできない。グリーンランド氷床から流れ出す氷河の一つ、ボードウィン氷河の中流部に着目して、末端から少し内陸に入ったところに向かった。氷河の上は、全体的には傾斜が少ないが、凸凹に波うっている。こんな不安定な場所でも、グリーンランドのパイロットはローターを止めてうまく着地させる。

着陸した先は、やはり全体がクリオコナイト粒で覆われていた。このエリアのクリオコナイト粒は、徒歩、船で訪ねてきた周辺の調査地とは異なり、粒の中から、明らかに太いシアノバクテリア（*Calothrix parietina*）がにょっきりと飛び出ていた（口絵21）。このシアノバクテリアは、文献などで目にしたことがあったが、クリオコナイト粒から生えているのを、見たことがなく、とても不思議に感じた。

中国の氷河で説明したが（第5章参照）、クリオコナイト粒というのは、黒い色で太陽のエネルギーを吸収して氷の融解を促進する。融けた氷に部分的にあいた穴を、クリオコナイトホールとよぶのだが、チューレ空軍基地が防衛の最前線として本格運用されていた一九五六年には、クリオコナイトホールが基地周辺に池のように分布していて、氷床に上がる車両の妨げになっていたらしい（Gerdel and Drouet, 1960）。

そのため、厄介者のクリオコナイト粒は何者なのだろうかというモチベーションで、初期の生物学的な研究はおこなわれていた。論文の写真にはまぎれもなく*Calothrix parietina*が大量に入っているようすが示されていた。また、グリーンランド氷床の中西部に最近広がりはじめているバンド状の汚れ（通称、ダークリージョン）にも本種が多く入っていることが示されている（Wientjes et al., 2011）。グリーンランド氷床の他の場所の先行研究（Yallop et al., 2012）でも観察されているので、グリーンランド氷床では一般的な種類なのかもしれない。小さなカナック氷河にはない、他の何かがこの広大なグリーンランド氷床本体には秘められているようである。

初めて訪れたカナックは、短い滞在に関わらず天気もよく調査も順調で、すべてがパーフェクトに終了し、帰国の途についた。訪れる機会はもうないだろうと思っていたカナックには、この後三年連続で滞在することになり、この年こんなにうまくいったのが、ただのビギナーズラックであったことを知ることになる。

大型プロジェクトの始動

グリーンランドは、二〇一六年現在もっとも注目されている寒冷圏の一つである。その理由の一つは、グリーンランドの氷床の融解が温暖化の影響で加速していること、そして広大なゆえに融けた水が海に流れ出すことで海水面を上昇させるからである。日本では、このような問題について取り組むべく、気象庁気象研究所の青木輝夫さん（現・岡山大学　教授）による科研費プロジェクト「積雪汚染及び雪氷微生物が北極域の環境変動に及ぼす影響」（Snow Impurity and Glacial Microbe effects on abrupt warming in the Arctic：SIGMA）が二〇一一年からスタートした。そして同じタイミングで、これまで南極観測に重きをおいてきた極地研を中心に、文部科学省がサポートするグリーン・ネットワーク・オブ・エクセレンス（GRENE）事業の北極気候変動分野に関する研究がスタートした。

ＳＩＧＭＡプロジェクトでは、気象研の気候モデルに反映させるための氷河表面の観測と氷床上の気象観測がメインであった。氷河の現場データをとる気象ステーションを設置する場所として、これまで諸外国の研究が進んでいなかった空白地域にあるカナックが候補として選ばれたのだ。そして、私は二〇〇七年にカナックで観測をしていて土地勘があったため？初年度の予察から参加させていただき、二〇一一から一三年まで三年連続で夏はグリーンランドに避暑に赴くことになった（二〇〇九～二〇一〇年にはＮＥＭアイスコア計画というグリーンランド氷床上でおこなわれていた国際的アイスコア掘削にも参加していたので、なんと五年連続でのグリーンランド滞在となった）。

二〇一一年に、青木さん、北大低温研の的場澄人さん、著者の三名で、二〇〇七年と同様の短期滞在で氷床上に通年で運用する気象観測装置の設置候補地の視察などをおこなった。翌年からは、青木さん率いる積雪気象チーム、竹内さん率いる生物チーム、北大の杉山さん率いるＧＲＥＮＥ氷河チームと、それに加えてメディア関係者も加わり、日本人が大挙して、カナックに集合することとなった（写真６・４）。

ところが、人口六五〇人のカナックにあるホテルはホテルカナック一軒だけ。しかも、四畳程度の部屋

写真6・4　2012年カナック氷河の観測メンバー.

が四部屋のみ。それぞれのチームで、活動する時期が異なるのでずっと大人数ではないものの、とても全員は入りきらない。

みんなで悩んでいる時、最初にグリーンランドに来た時にお世話になった佐紀子さん一家が、首都のヌークに移り住んで、前に住んでいた家は空き家になっているという情報が入った。完全に止まっていた電気、上水道を復旧させて、使わせていただくことになった。この佐紀子さんのお家は、北欧風のかわいらしい青い一軒家で、村でも海よりのところに建っているので、窓からは、青い海と白い海氷が見渡せる。ここを、SIGMAプロジェクトでは、「Qaanaaq Club House（QCH）」と呼ぶことになった（写真6・5）。この名前は、日本のヒマラヤ氷河調査を支えたネパールの首都カトマンズの拠点「Kathmandu Club House（KCH）」のように大勢の研究者でにぎわうところ、という意味合いが込められている。こうして、カナック氷河での私の研究の第二ステージが始まった。

写真6・5　カナック村の典型的北欧スタイルの民家．観測の間だけお家を間借りし，「Qaanaaq Club House」の愛称で呼ばせてもらっている．

暖かすぎる夏

二〇一二年の夏は、とても暖かい日と、めったに降らない雨が降りしきる日がいりまじっていた。カンゲルースアークからの私たちのフライトは、機体トラブルや現地天候不良のため途中のイルリサットで、四日も足止めをくらってしまった。若干の焦りを感じながらの氷河調査のスタートであったが、氷河に着くと嬉しいことに表面はすばらしく真っ黒であった（口絵8）。表面の黒いクリオコナイト粒をスコップですくうと、その下には真っ白な氷があり、そのコントラストは強烈だった（口絵10）。クリオコナイト粒の黒い色によって氷河の融解が促進されているのは、ぱっと見にも明らかであった。

ＳＩＧＭＡプロジェクトでは、雪氷生物の増殖とそれに関連した反射率の低下を、数値モデルで表現するという、私のもっとも苦手な物理分野の研究がメインだ。役に立たない私でも少しはプロジェクトに貢献しようと考えてみたのが、こ

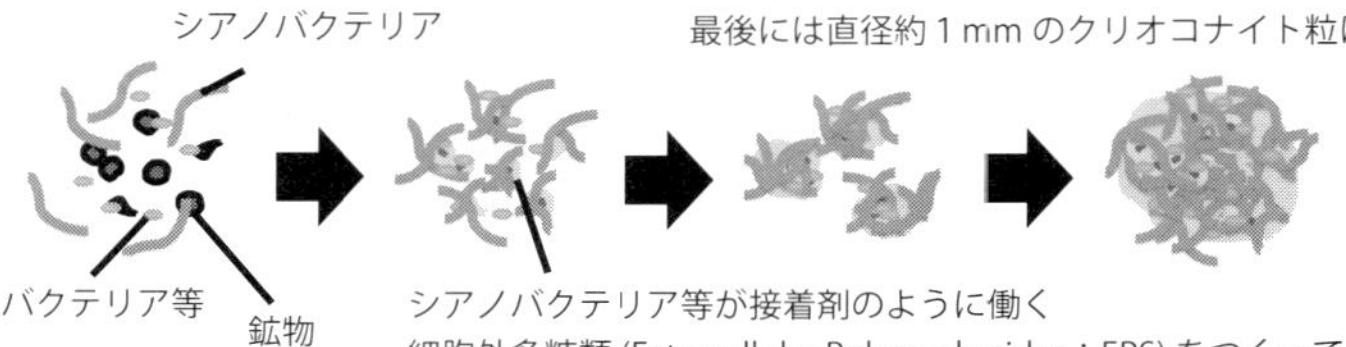

図6・4　クリオコナイト粒ができるまでの模式図.

れまでになぜか研究例のなかった、クリオコナイト粒の形成プロセスの解明というテーマであった。

形成プロセスを知るには、現地でクリオコナイト粒が大きくなる過程をモニタリングできればベストだが、北極の夏はとても短い。二〇一二年は融解水が流れて微生物が増殖できる時期は、一ヶ月半くらいあったが、翌二〇一三年は一週間あるかないかという具合で、一年間に成長できる量はとてもすくない。なので、現地モニタリングはあまり現実的でないアプローチだ。

それよりも、クリオコナイト粒は成長に応じて、シアノバクテリアの層が厚みを増すことで、直径が大きくなっていく構造なので、粒を直径サイズごとに分けて、炭素の重量比や遺伝子の解析をしてみてはどうだろうかと思い立った（図6・4）。

二〇〇七年の最初の年の調査地点四ヶ所に加えて、さらに標高の高い頂上付近でも採取と観測をした。そうすることで、カナック氷河の一番下から上までをカバーできるようになるからだ。クリオコナイトの炭素の重量比は、サイズが小さいうちは比率が低い（図6・5）。しかし、シアノバクテリアと鉱物がよく絡まりはじめる直径二五〇マイクロメートル（一ミリメートルの四分の一）以上から、ぐっとこの比率が増加して、大きなサイズでは比率

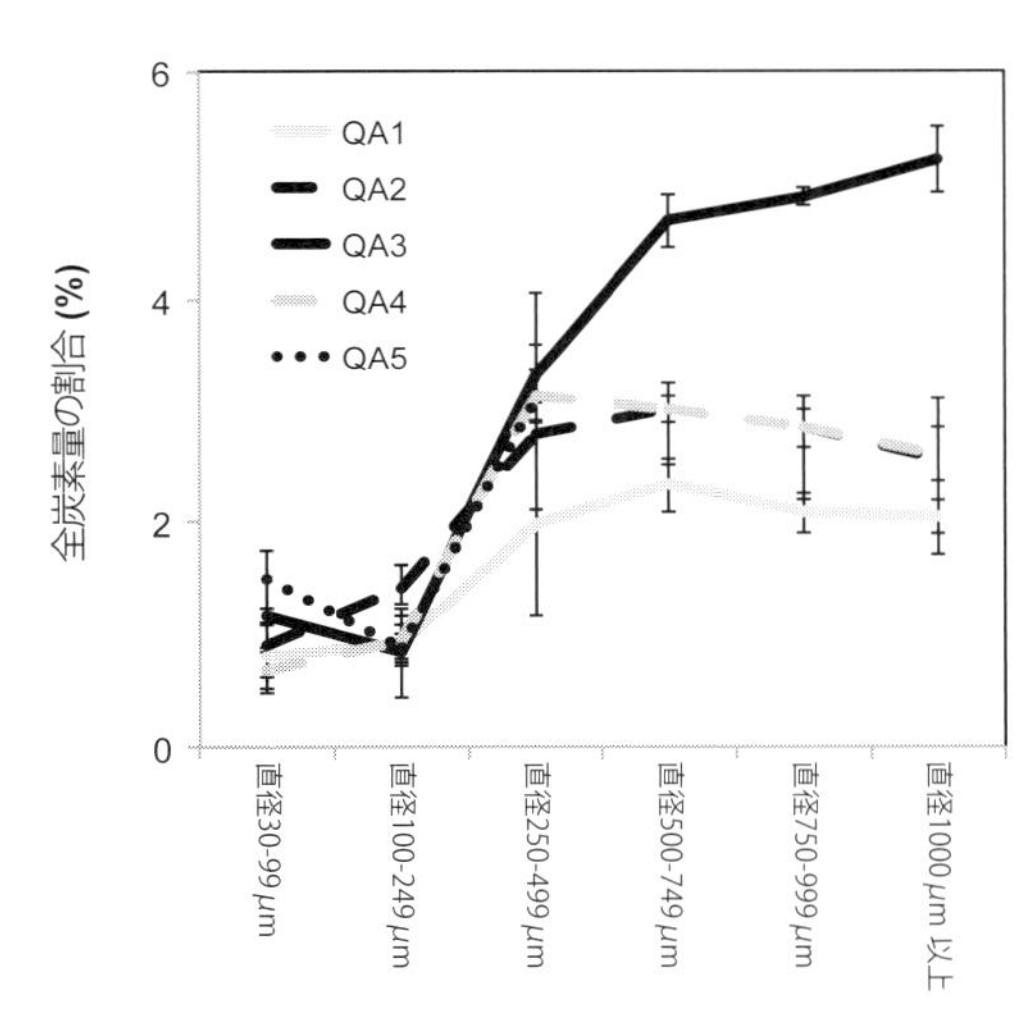

図6・5　粒径のちがいによる，クリオコナイト粒の全炭素量の割合の変化（Uetake et al., 2016を改変）.

が安定して多くなる傾向がみられた。これは当初の予想どおりで、クリオコナイト粒の団粒構造が微生物どうしの結合により、徐々に大きくなっていることを示していた。

似たようなことはＰＣＲで増幅し、次世代シーケンサーといわれるタイプのシーケンサーで解読したバクテリアの16S rRNA遺伝子の結果にも現れていた。この結果では、直径の小さいクリオコナイトではシアノバクテリアの比率が低いものの、大きくなると全体の約四十パーセント以上を占めるまでになる（図６・６）。また、構成しているシアノバクテリアの多様性はきわめてシンプルで、もともとは南極の湖沼から単離されたことで名前がつけられた糸状性のバクテリア *Phormidesmis priestleyi* のみで構成されていた。

解析に使った次世代シーケンサーというものは、一〇年前には全盛期であった旧世代のキャピラリー

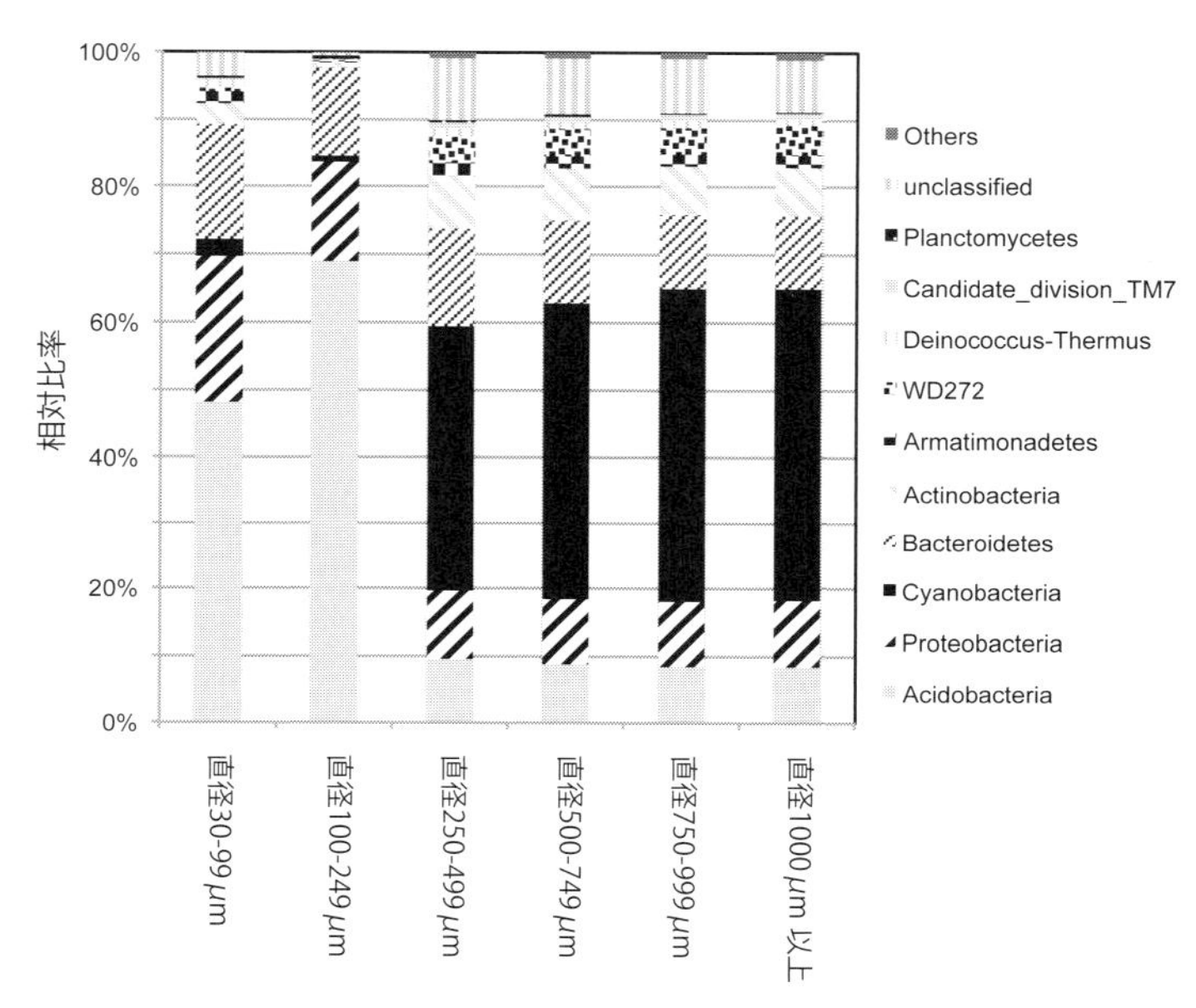

図6・6　カナック氷河中流部（QA4）の16S rRNA遺伝子に基づいた群集構造（門レベル）の比較（Uetake et al., 2016を改変）.

シーケンサーを使った解析（PCRクローニング）に比べて、一サンプルにつき約一千倍程度の遺伝子量が出てくる。研究を進めているうちに解析手法が飛躍的に、かつ急速に向上し、それを扱う解析プログラムも開発され、うまい具合にその波に乗れていた。こうして、より多くの種類の微生物を漏れなく検出できるようになってきたのだが、それでも今回検出できた主要なシアノバクテリアがこの種のみであったというのは驚きであった。

さらにおもしろかったのは、クリオコナイト粒の空間分布がはっきりと現れたことだった。炭素重量比の高くなる発達したクリオコナイト粒（直径二五〇マイクロメートル以上）は、氷河中流部で多く、下流部では少なかった（図6・7）。そして最上

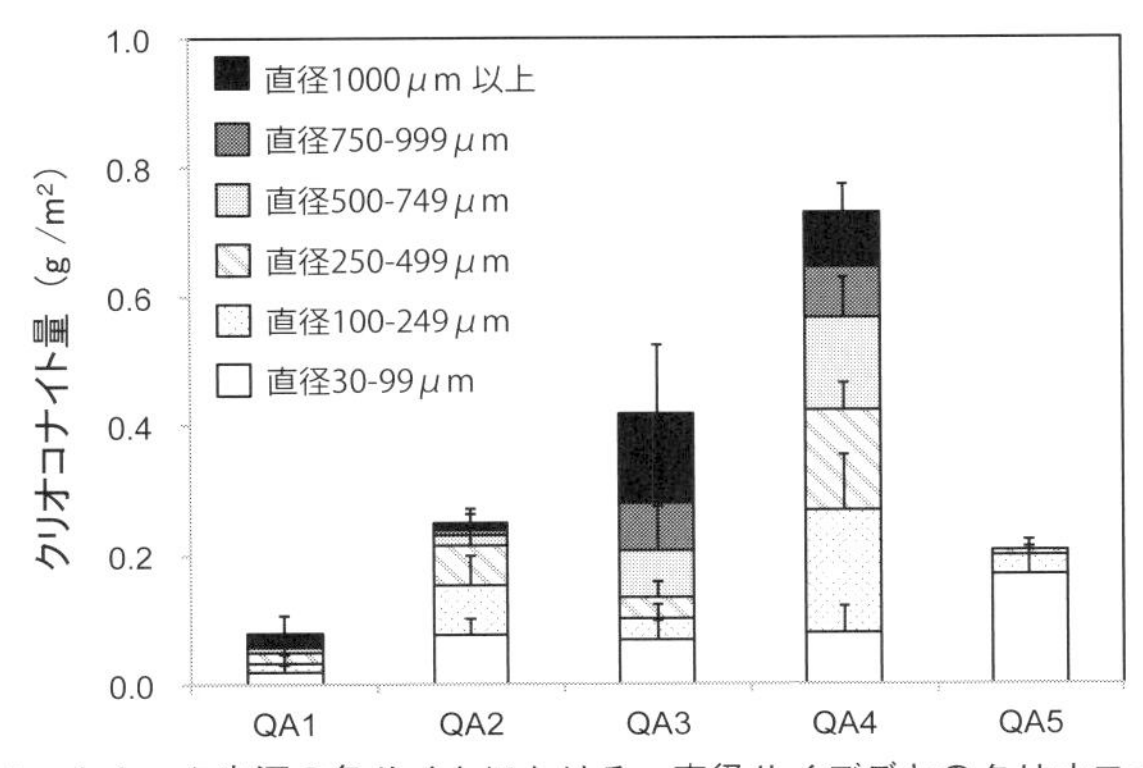

図6・7　カナック氷河の各サイトにおける，直径サイズごとのクリオコナイト重量の変化（Uetake et al., 2016を改変）.

流部ではまったく観察されなかったのだ。このことから、クリオコナイト粒の多かった中流部には、クリオコナイト粒の発達を促す何らかの要因があるのではないかと推測することができた。

シアノバクテリアの増殖に関連しそうな各種イオンの濃度や栄養塩の濃度、水の流れやすさなどに着目して統計解析をしてみても、中流部だけ特異な傾向を示してはいなかった。しかし、含まれる鉱物の量だけは、この中流部で顕著に高く、シアノバクテリアと関連性があることがわかった。

カナック氷帽の人工衛星画像をよく見てみても、ちょうど中流部の辺りだけがバンド状に黒っぽい色に覆われているのがわかる（図6・2）。どうやらこの部分だけが鉱物の量が多いようで、中国のシアノバクテリアでもそうであったように、クリオコナイト粒の発達に鉱物量が関係あるのではないかという仮説がみえてきた。

二〇一二年は、ふだんはまったく雪が融けることがない標高が高い氷床の頂上付近でも、温度の上昇で雪が融けた記録的な年となり、人工衛星からもこの現象が広範囲で起きていることが示されていたのだが（たとえばNghiem et al., 2012など）、翌二〇一三年は一転して寒い夏になった。

寒すぎる夏

二〇一三年は、良く融けた前年に得られた結果をさらに飛躍させようと、はりきって六月末からグリーンランドに入って、微生物の増殖を待つことにした。しかし、またもや数日イルリサットで足止めをくらってしまい、やっと辿り着いたカナックには、いっこうに夏がやってくる気配がなかった。

初日から雪に見舞われ、氷河の表面も見えないうえ、私が見たい昨年の氷河の表面は雪が溶けて固まってガチガチになっていた。現場にいるのに何もしない気分にはとてもなれなくて、見回りと称して氷河上を毎日巡回してまわるが、どこにも夏の知らせはない。時がたてばとじっと待ったが、この状況は融解の最盛期のはずの七月半ばになってもあまり変わらず、けっきょく氷河の汚れはほとんど露出されないまま、新しく雪が降りつもり、夏が終わってしまった（写真6・6）。

天候のせいではあるが、予定していた項目はほとんど実施できず、もってきた物資のほとんども使わずじまいで、そのまま送り返すはめになった。その状況で唯一うまくいったのはクリオコナイト粒を形成する糸状のシアノバクテリアが培養できたことだった。

氷の下に眠っていたクリオコナイト粒を掘り出して、長々と滞在している間、冷蔵庫で培養実験したの

写真6･6　雪に埋もれはじめる観測機器．夏が来ないまま，また冬がやってきてしまった．

がうまくいったのだ。このシアノバクテリアは培養できたものの、白っぽい色をしていてとても増殖が遅かった。日本にもち帰って遺伝子を調べて狙っていた *Phormidesmis priestleyi* であると特定できたものの、生理に関する他の実験に使えるような状況ではなかった。しばらく放置気味になっていたある時、ふと培養条件を変えてみようと通気のあるキャップと震盪（振って中の液体を常に撹拌すること）をはじめたところ、突然増えはじめた。まだわからないことが多いが、どうやら振ることでガス交換が盛んになったのではないかと想像している（写真6・7）。

おかげで光合成の活性やさまざまな生理活性を測定できるようになり（図6・8）、カナック氷河で課題としていた〝クリオコナイト粒の発達〟に関する糸口が少しずつ見えはじめてきた。とくに鉱物が増殖を促進させるという仮説の検証実験に使用することができ、いまのところこの仮説を支持するような結果が出てきている。さらなる検証を重ねて、このシアノバクテリアの増殖とクリオコナイト粒

写真6・7　単離したシアノバクテリア（*Phormidesmis priestleyi*）をさまざまな濃度の培地でいっせいに培養する.

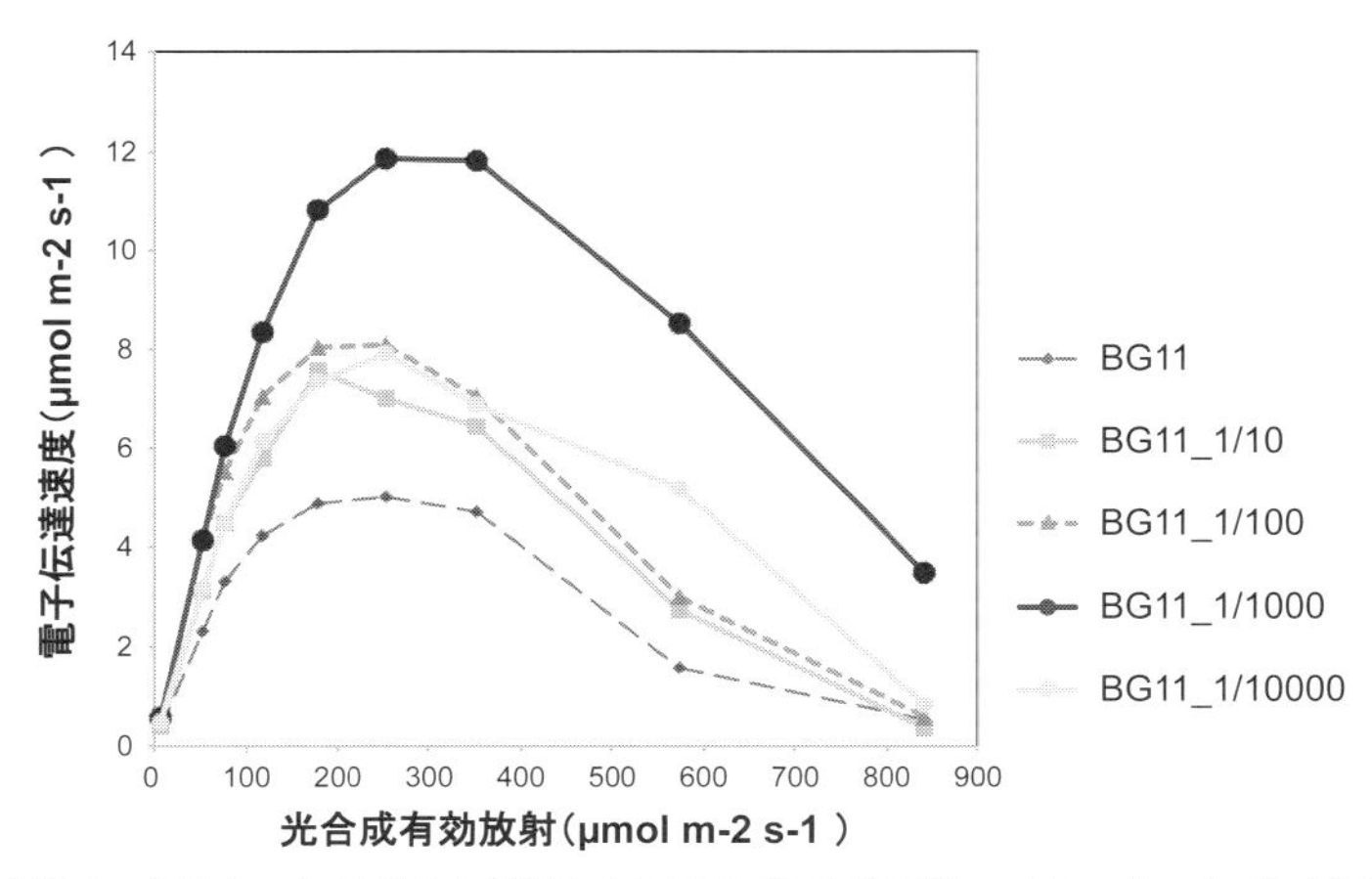

図6・8　クリオコナイト粒から単離したシアノバクテリア *Phormidesmis priestleyi* を5℃で培養したときの，培地濃度の変化による光合成活性（電子伝達速度）の変化.

の発達についての知見を積み重ねていきたい。

グリーンランドグルメ

カナックでは食料はスーパーに行けば、野菜（種類は少ない）から肉、チーズ、お菓子に、お酒まで何でも手に入る（年に二回の補給船が来る前は品薄）。なので、拠点としたＱＣＨやゲストハウスのキッチンを利用して、ごくふつうの食事を作ることができてしまい、食事にグリーンランドっぽさを感じられないことが多い。しかし、たまに地元の漁師さんや大島さんから、地元食材をいただけると、いっきにグリーンランド風の食卓になる。ここでは、これまでに食したグリーンランドグルメを紹介する。

グリーンランド食でもっともインパクトが強いのは鳥の発酵食品「キビヤック」であろう。これは網で一羽ずつ捕獲したアッパリアス（和名でヒメウミスズメといい、スズメとあるがチドリ目）という海鳥を、羽もむしらずに、そのまま脂身のついたアザラシの皮の袋の中にぎゅうぎゅうに詰め込んで、永久凍土で半年ほど寝かせて熟成させるという、超ワイルドな一品だ。脂でベトベトのアッパリアスを手にとり、すべての羽をむしり取って、素っ裸にしてそのままかじりつく。皮には味がなく美味くはないが、歯で引きちぎっていくとあらわになる胸肉にはしっかりとしたコクがあり、〝何度か回を重ねると〟段々美味しくなってくる（写真６・８）。玄人は、内臓をすすって食べるのが美味いというが、ビビってこれはできなかった。食べた後の手は、アザラシの脂とアッパリアス羽毛、肉でベトベトで、石鹸で何度洗っても臭い

写真6・8　鳥（アッパリアス）をアザラシの脂肪がついた皮の袋の中に入れて発酵させたキビアックと呼ばれる現地の発酵食品．羽毛をむしってそのまま身を食べる．

は数日消えることがない。

このアッパリアスには、シンプルに塩ゆでという食べ方もある。ある時、大島さんから袋一杯のアッパリアス四十羽くらいをいただいて、ボートで行く氷河調査の際に食料とした。大ナベに海水を汲んできて、塩を大さじで何杯入れてと、漁師アグチンギアの奥さんに教わりながら煮込んだ（写真6・9）。こちらはあっさり味で、キビヤック同様に胸肉がうまく、素人にも手が出しやすい。そして、さらに美味いのはクリーミーな脳みそと海のエキスが詰まった内臓である。内臓は私の大好物の一つで、秋刀魚の内臓のような濃厚でやや苦みがあるような味がする。日本酒が無かったことが悔やまれるので、次回行くときは持っていこうと思う。

夏の味覚は、何と言ってもイッカクだろう。イッカクは食材となるだけではなく、その長い牙が漁師さんたちにとって、重要な現金収入源となる。村人みんな

写真6・9　調査のため船を出してくれた漁師アグチンギアさん家族と共同のキャンプ生活．アッパリアスの塩茹でのレシピを奥さんから聞いて試した．

がたむろするスーパーの前にいくと、採れたての牙を誇らしげに持っている漁師さんに会うことが多い。そんな彼らが、ぶら下げているビニール袋には、血の滴っているイッカクの肉が入っている（写真6・2）。イッカクの肉は、生でも焼いても食べられるが、焼いてしまうと身が硬くなってしまうので、日本人的には、血が滴る生肉をニンニク醤油につけて食べるのがベストだと思う。ふつうのクジラの刺身よりも深い味がする。ある時、あまりのうまさに大量に食べすぎて、なぜか二〜三日ほど、腹の調子が悪くなってしまった。ちょっと精が強すぎたのだろうか？

イッカクの灰色の皮とその下の白い脂身は、マッタといわれスーパーの冷凍食品コーナーでも見つけることができる。これはコリコリとした食感に、脂身がトロのような濃厚さを生みだし、わさび醤油ととてもよく合う。日常の食事のサイドディッシュとして、とりわけビールとの相性が抜群である。

写真6・10　大島さんからいただいた北極イワナ（アークティクチャー）．生で刺身に，ムニエルにしても美味しい．

カナック周辺では、沿岸から刺し網などを使って、北極イワナ（アークティックチャー）が採れる。イワナといっても、海に外遊しているので、体長は四十～五十センチメートル、肉質はピンクである（写真6・10）。これはムニエルなどにして食べることはできるが、日本人なら生だろう（寄生虫がいるので要一度冷凍）。日本からもってきていた米の上に、身を薄く切ってのせて、寿司パーティーを楽しめる。

私のなかでもっとも美味しかったグリーンランド食は、生のジャコウウシの肉である。ジャコウウシはカナダ北極圏やグリーンランドに棲息するウシの仲間で、体格や二本ある大きな角は、どことなくバッファローを彷彿とさせ、背中からは長い黒い毛が伸び極北の寒さに適応している。これらは狩猟により数が減ったが、現在ではグリーンランドの玄関口、カンゲルースアーク周辺では保護され、頻繁に見ることができる。一定頭数は食料用の狩猟が許可されており、カンゲルースアークではジャコウウシのハンバー

写真6・11　大島育雄さんからもらったジャコウウシの肉（解凍）．
生で食べると最高！

ガーなどを食べることができる。しかし、ふつうの牛肉よりもさっぱりとした味で、それほど興味をもっていなかった。あの時がくるまでは。

ある時、調査から戻ってくるとＱＣＨの玄関先に袋に入った冷凍肉の塊がメモといっしょにドンと置いてあった。どうやら、隣村シオラパルクの大島さんがカナックの知り合いに託して送ってくれたもののようだったが、メモにはこの肉はジャコウウシでカレーにするにもいいけど、生でも良いみたいなことが書かれていた。

え〜、これを生で食べるの？と思ったが、アドバイスにしたがってブロック状に切った肉に醤油をつけて口に運ぶと、これまでに経験したことのない肉のうまみと適度な獣臭さが口の中に広がった（写真６・11）。ちょっと癖のある馬肉とでもいえるだろうか。最初は恐るおそる食べていた生肉だったが、しだいにカットも大胆になってきて、かなり大きな生肉ブロックをそのまま口に入れて楽しむようになった。これの方が、より肉のうまみが溢れ出してくる。

けっきょくカレーにしたのはごくわずかで、ほとんど生で食べきってしまった。今では、野生のジャコウウシを見かけると、これまで以上に愛らしく、そして、その味を思い出すと、ついついヨダレが出てしまう。いつかこの手でこの大物を仕留めて、さばくのが夢である。

コラム：カナックの一般生活

私がカナックを訪ねたのは、太陽が一日中出ている暖かい夏（白夜の期間）のみである。日がまったく出ない極寒の冬（極夜の期間）を知らずに、この村、この文化を語ることなどできないが、彼らの一般生活で気がついたことを列挙する。

・携帯はふつうに使えて、若者はスマートフォンを使いこなしている。
・若者には、村はたいくつそうで、外に出たがっている子が多い。反面、漁師をめざす子もいるようだ。
・だいたいどこの家にも液晶テレビがある。パーティに呼ばれた家にはゲーム機のプレイステーションもあり、なぜかグリーンランドでゾンビを撃つゲームをすることになった（写真）。
・村の中心にミラーボールのあるバーがある。週末は、多くの村人が集まる。昼間はまじめそうに見える人も、お酒を飲んでけっこうはじけている。
・グリーンランドの気候変動は、急速に進んでいる。その変化は、彼らの生活に大きな影響を与えてきている。しかしそれ以上に、便利な文化というものは彼らの生活、とくに若者の生活を変えてきている（日本においても十分に変わってきていると思うし、世界的な傾向でもあると思う）。私としては、伝統的な狩猟がこれからもずっと続いて欲しいと願う。ただそれは、部外者のまったく勝手な意見だ。ことの本質は、彼らが握っている。幸いにも私が知る何人かは、新しいものや考え方をよく知りつつも、伝統的な漁をあえて選んで生活している。今後、彼らの生活はどうなっていくのだろうか？　氷河、氷河の微生物の変化とともに、追いかけていきたい。

写真　みんなでパーティを楽しむ.

第7章

消えゆく熱帯の氷河生態系

（ウガンダ・ルウェンゾリ山）

赤道直下の氷河

灼熱とも思える赤道直下のアフリカにも、じつは氷河がある。アフリカというと、どこまでも広がる不毛な砂沙漠や野生動物たちが躍動するサバンナなどがイメージしやすい。しかし、標高が五千メートルを越える山に登るとその頂上付近は寒く、万年雪（氷河）に覆われている。アフリカでもっとも高い山は、タンザニアのキリマンジャロ山で、頂上には白く光る氷河が大きく見える。二番目に高いのは、ケニアのケニア山で、こちらも登山の対象としての知名度が高く、山頂付近には小さいながら氷河が存在している。では、三番目はどうだろうか？　アフリカで三番目に高い山は、ウガンダとコンゴ民主共和国の国境にあるルウェンゾリ山だが、ナンバーワンとツーに比べると、格段に知名度が低い（写真7・1、図7・1）。とくに日本ではかなり低い。いろいろとあり、もう五回も登ってしまったこの山であるが、博士課程の学生であった二〇〇五年にはじめて訪れるまでは、私もろくにその存在を知らなかった。

これら三つの高山の氷河に共通していえることは、縮小のスピードが著しく、もともと面積が小さいため、消滅する日が目前に迫ってきているということだ。熱帯氷河の消滅は地球温暖化に代表される環境変動と関連づけられて、著名な科学雑誌にセンセーショナルにとり上げられることが多い。一方で、熱帯の氷河に棲む微生物の報告というのは、ある一例をのぞいて、まったく聞いたことがなかった。

唯一の研究例は、雪氷藻類を研究する者の中で知らぬ人はいないハンガリーのエリザベス・コルが実施した、一九七一〜一九七三年のパプア・ニューギニアでの研究例だった（Kol and Peterson, 1976）。コル

写真7･1　スピーク山から眺めるスタンレープラトー氷河と最高峰のマルガリータ.

図7･1　ウガンダとコンゴ民主共和国の国境付近に位置するルウェンゾリ山.

は一九二〇年代から世界のさまざまな雪氷環境で、緑藻類の記載を本格的に実施した先駆者であり、彼女の優れた観察眼はこの熱帯の氷河を覆う雪氷微生物の黒い塊が、日射を吸収し融解を促進していることを、いち早く示唆していた。

あふれかえる中古日本車

ルウェンゾリをはじめて訪れるきっかけとなったのも、やはり幸島司郎先生の〝今度アフリカのルウェンゾリ山というところに行きたいから、調べておいてくれ〟という、一言だった。それまで、隣のルワンダとウガンダの区別もまったくついていなかったが、とにかく調査ができるように情報収集をはじめた（今から思うと、こういう一見無茶苦茶なミッションを何度もこなすことで、未知のフィールドに切り込む術がおのずと身についたと思う）。現地の移動や登山を手配してくれる旅行代理店、調査の許可、登山に関する情報などを収集して、二〇〇五年三月日本から中東のドバイ（アラブ首長国連邦）を経由して、ウガンダに入国することになった。

ウガンダの空の入口エンテベは、アフリカ大陸最大の面積（世界では三番目）を誇る広大なビクトリア湖のほとりにある。群がるタクシードライバーの中から、真面目そうなドライバーを選んでタクシーに乗り込むと、赤土の上にまっすぐ伸びる舗装道路を、首都のカンパラへと向かった。道中の路肩には、若者が草の上で何をするわけでもなくゴロゴロしていたり、フルーツの屋台、民芸品の屋台、家具の屋台、何

写真7･2　首都カンパラ市内の渋滞．車，バイク，人が入り乱れ混沌としている．

屋なのかわからない屋台などいろいろなタイプの屋台が出現する。いろいろな物、いろいろな人が混ざりあって、混沌としている。空き地がないくらい混沌具合が増してくると、そろそろカンパラ市内だ。カンパラ近くになると、しだいに交通量も多くなってくる。運悪く夕方に近いと、渋滞はひどく、車はほとんど動かなくなってしまう。縦横車に挟まれて、完全に諦めモードで車の列を眺めていると、自分の乗っている車も、目の前に延々と伸びる車の列も、すべてが日本車であることに気がつく。どれもこれもボディはボコボコで、赤土の砂にまみれ薄汚く、かつて日本で活躍していた頃の面影は薄い。ダウンタウンに着くと渋滞は頂点に達し、一日中車とバイクと歩行者が、入り乱れて混沌としている（写真7・2）。交通整理の警官がいたり、信号機などがたまにあったりもするが、もはや機能しているようには思えない。

写真7・3　バナナ畑に囲まれる土壁の民家.

主食の青いバナナ

首都のカンパラは、ほぼ赤道直下にも関わらず、標高が高い（一一九〇メートル）ため、一般的に想像する灼熱のアフリカとはかけ離れて、快適な気候だ。緯度が低いので日本のような四季というものは存在しないが、温暖域の季節変化をうけて上下する低気圧地帯（熱帯収束帯）の影響で、雨季と乾季が存在している（低気圧帯に覆われている時期が雨季）。ウガンダの人々は口を揃えて、最近は雨季・乾季の境界がはっきりしなくなっているというが、おもな降水は一〇～一一月、三～五月くらいの雨季に集中している。この期間に雨が集中して降ることで、ウガンダは緑豊かな自然に覆われていて、カンパラを少し離れれば樹木が生い茂っている。

めざすルウェンゾリ山は、ウガンダの西のコンゴ民主共和国との国境付近に位置している。カンパラから車で移動途中、大きな葉っぱの植物が民家の周りを取り囲んでいる光景によくでくわす（写真7・3）。この植物こそが、ウガンダの〝主食〟のバナナである。バナナといっても、日本で見られるような黄色に熟した物ではない。

彼らは熟していない緑色のものを食べる（日本の黄色いバナナとは品種も異なる）。しかも、とても硬くて生では食べられないので、蒸して食べる。これが、ウガンダの主食「マトケ」とよばれる料理で、蒸したジャガイモに似ている味だ。

ウガンダは、一八九四～一九六二年までイギリスの植民地であったために、公共語は英語となっている。その時代の名残として残されているものは多くあるが、そのうちの一つが茶葉の栽培である。ルウェンゾリ山に近い西部の高原地帯では、大規模なお茶のプランテーションが広がっており、その傍らには紅茶の製造工場もあったりする。あまり知られていないかもしれないが、ウガンダはじつは紅茶の一大産地なのだ。私たちが調査で山に入るときには、必ず大量の地元の紅茶をもち込み、砂糖やミルクをたくさん入れて疲れを癒やす。

氷河までの異世界トレッキング

一日目

西部の都市カセセからは、荒れたオフロードをひたすら山の方に向かって、森やいくつかの集落を抜けていくとルウェンゾリ国立公園の入口に到着する。ここで完全にクルマやバイクは通行止めとなる。この手前にある最後の村がナカレンギジャ村で、昔からルウェンゾリ山で狩猟や採集生活をおくってきたバコンジョ族の人々が暮らす小さな村だ。この村にはバコンジョ族が経営するＲＭＳ（Rwenzori Mountaineering

写真7・4　これからはじまる一週間以上のトレッキングの荷物の計量をおこなう．これに基づいて，会計上のポーターの人数が決まる（実際参加してくるポーターの数はなぜかもっと多い）．

Service）という登山をサポートする会社があり、入山者はみんなここでガイドとポーターを雇わなければならない。食料と研究装備の計量とパッキングを終えると、わらわらと村の男たちが集まってくる（写真7・4）。ついつい荷物を持って行きすぎると、いつの間にかポーターさんの数は数十人を超える大所帯になってしまう。ほとんどはいかにも体力ありそうな若者だが、年長者もそこそこ混じっている。彼らとともに片道四日間、氷河までの徒歩の旅が始まる（写真7・5）。

標高が高いとはいえ赤道直下のトレッキング。汗をダラダラとかきながら、植物のエキス（タンニン）を多く含む茶色の川の水をがぶがぶと飲み、大汗をたらしながら緑の濃い森林を登っていく。この辺りにはアフリカゾウやチンパンジーが出現するという説明をよく聞くが、私が出会ったことがあるのは、小さなカメレオンぐらいである（写真7・6）。人間の身体よりも大きな葉っぱの植物や不思議な実や花で溢れていて、自分が氷河の調査に来ていること

写真7・5　ゲートを超えてルウェンゾリ国立公園の中に入る．右手の小屋でレンジャーによるチェックを受ける．

写真7・6　トレッキング初日の森の中で出会ったカメレオン．緑に紛れてまったく見つけることができないが，ガイドやポーターが目ざとく見つけてくる．

を忘れてしまいそうだ。

ルウェンゾリ山には要所要所に木でできた立派なログハウスがあり、快適にすごすことができる。初日の宿は、ニャビタバ小屋。小屋の正面に、ポータルピーク（入口の山という意味）がずっしりと構えており、ようやく深い山の中に入ってきたという雰囲気に包まれている（写真7・7）。私たちの出発よりもはるかに遅く出発してきたポーターたちは一人二十五キログラムぐらいの重荷を背負っているにも関わらず、ほぼ

写真7·7　氷河へのトレッキングの最初に現れる高峰：ポータルピーク．ポータル（入口）の名のとおり，ここから谷沿いに登山道が続いていく．

写真7·8　重い荷物を頭で支え，足早にすぎ去っていくポーターたち．身体能力は並外れて高い．

同着で小屋にやってくる。いや、正確にいうのならば、彼らは荷物を〝背負って〟などいない。頭にバンダナ状の布をかけて、その両端を荷物に結びつけ、頭だけで持っているのだ（写真7・8）。そういえば、村でも女性たちは荷物をすべて頭の上にバランス良くのせて歩いている。私も感化されて女性の荷物の持ち方をトライしてみるが、首がグラグラ動いて不安定極まりな

写真7・9　二日目の山小屋：ジョンマッテ小屋から見上げる最高峰マルガリータと直下を流れるマルガリータ氷河．氷河の下の方は，黒い汚れに覆われており，気持ちが高ぶる．

い。二十五キログラムの荷物を持ちながら険しい山道を行くポーターの真似事は控えた方が賢明だろう。

二日目

かつて氷河期には氷に覆われていた幅の広い谷を登っていく。標高三千メートルを越える頃になると暑さがやわらぐ。サルオガセが木から大量にぶら下がり、コケの厚いマットと地衣が木を覆い尽くす雲霧林（うんむりん）に突入する。あちこちから顔を出している不思議な地衣は、映画の「風の谷のナウシカ」のような、厚いコケの絨毯は「となりのトトロ」のような、スタジオジブリ的要素に包まれている（口絵16）。とくに雨が降りしきる雨季には、森の隅々まで水がいきわたり、瑞々しい緑と深い霧に覆われ幻想さがいちだんと増す。この不思議な森にとり囲まれているのが二日目の小屋ジョンマッテ小屋だ。この辺りから天気が良いと彼方に、これまでまったくうかがい知れなかった目的の氷河スタンレープラトーと最高峰のマルガリータ峰を目にすることができる（写真7・9）。

写真7・10　湿地帯に突如として出現するジャイアントロベリア（*Lobelia bequaertii*）．高いものは3mくらいにもなる．

望遠レンズでようやくまともに写真が撮れるものの、まだまだはるか彼方である。しかし、ジョンマッテ小屋はすでに富士山頂の標高を越えていて、体調が悪いと高山病の症状が出てきたりするので、高ぶる気持ちをおさえてゆっくりと休養をとる。

三日目

雲霧林を越えると真っ平らな湿地に出て、ますます奇妙な光景に出くわすことになる。尾瀬のように真っ平らな湿地のあちらこちらに太さ約三十センチメートル、高さ二メートルを越える太い棒のような植物が、にょきにょきっと立っているのだ（写真7・10）。この植物は、ジャイアントロベリア *Lobelia bequaertii* とよばれる植物で、一つひとつの葉の間に小さな花があり、この蜜を吸いにスズメの仲間であるサンバード（タイヨウチョウ）という青く輝く鳥（♂）がやってくるのだ。

この湿地を初めて訪れたときは雨季で、一歩踏み出すごとに長靴が泥の中にすべて埋まってしまうほど難所であったが、最近では木道が整備され、人にも自然にもやさしく配慮されている。

写真7・11　タンニンを含んだ水を湛えて，不気味に黒いブジュク湖.

写真7・12　3日目の山小屋，ブジュク小屋周辺に生えるジャイアントセネシオ *Dendrosenecio adnivalis*. 熱帯高山帯を代表する植物だ.

しだいに狭くなる谷間をさらに上りつめ、山頂から続く岩壁が近づいてきたかと思うと、突然真っ黒い水をたたえたブジュク湖が姿を現す（写真7・11）。氷河から溶け出した透明な水が小川となってこの湖に注ぎ込んでいるが、湖の周囲から染み出す真っ黒な水を薄めるには量が少ないようだ。この周辺にはルウェンゾリの高山域を代表するもう一つの植物、ジャイアントセネシオ *Dendrosenecio adnivalis* が多く生えている（写真7・12）。この木は大

写真7・13　4日間歩いてようやくたどり着いたエレナ小屋．ここから岩場を越えれば氷河だ．

きな葉がてっぺんに広がっているが、その下の部分は、枯れた葉が重なることで太くなり逆円錐状になっている。この構造によって夜間は冷え込むような高山帯でも、木の本体を保温する効果があるそうだ。

　この不思議な木に囲まれたブジュク小屋が三日目の宿だが、高山に弱い私は、高山病の予防のために強い利尿作用のある薬品をここで服用しはじめる。飲みはじめはとにかく効果抜群で、強い尿意に襲われて二時間と寝ていられない。めんどうくさいが、しぶしぶ用を足しに小屋の外に出るとジャイアントセネシオの大きな葉っぱが、まるで覆い被さってくるようにゆらゆらと動いて何とも不気味である。

四日目

　いっきに高度を上げて最後の小屋へと向かう。ジャイアントセネシオが林立する急斜面を登り、かつて氷河によって削られた岩の上に出ると、エレナ小屋はもうじきである（写真7・13）。この小屋は、これまでの小屋に比べて狭くて質素であるが、標高四二〇〇メートルの地点にこれだけの施設があるのならいうことはない。ここをベース基地にして、これから氷河まで片道一時間の道のりを毎日通うのである。

氷河の急速な減少

この小屋はかつて、エレナ氷河と呼ばれる氷河のすぐ脇に建てられたのだが、この氷河は年々後退し、現在ではほとんど消滅している。最初に訪れた二〇〇五年には小屋から遠くなってしまったものの、エレナ氷河はまだ残っていて、この上を歩いて抜けて行くのが頂上への最短ルートであった。しかし、七年後の二〇一二年には氷河はさらに後退し、これまで氷に覆われていた急斜面が落石の巣と化していた。ひじょうに危険であるため、ぐるっと周りこむ岩場の迂回ルートが新設されていた。

二〇〇五年の初めての調査は、自分にとっては過酷な経験だった。まず雨季のはじまりで、雨が多かった。乾季ではなんということもなく歩ける地面も、雨季では底なし沼のように足をとられて、前進するのも困難になる。調査道具に準備不足などがあり、気持ち的にも落ち込んでいた時、事故が発生した。マルガリータ峰とは、谷を挟んで反対側に位置するスピーク山に高度順化と予備調査に出かけた帰り、濡れるととても滑りやすくなる岩の上でスリップし、二回転ほどしながら落下して、岩の隙間に挟まった。もし岩の隙間がなかったら、さらに落ちていたかもしれない状況だった。初めてエレナ小屋を訪れたのは、そんな事故があった直後だった。

エレナ小屋での生活も楽ではなかった。もともと高度にそれほど強くないので、頭は痛いし動きも鈍い。それにさらに拍車をかけたのが、雨季の降雪だった。雪氷微生物を見ようとやって来たのに、肝心の氷河は完全に雪に覆われていた。それでも五十センチメートルほど積もった雪を取り除くと、そこには生物活動の証である黒い有機物があった。とくに氷河の末端付近では、これらが大きな塊となって存在していたのだ。これをもち帰って顕微鏡で観察してみると、これまでに見たことも、論文でも報告のない、太く細長い〝緑藻〟が多く含まれていた。とても不思議であると感じたものの、きわめて断片的なサンプルしか採れておらず、それを科学論文とするべく研究手法もアイデアも当時はまったくなかった。そして、ただ時が流れた。

謎の藻類

七年の歳月を経て、ダメダメ大学院生であった私も、かろうじて研究者となっていた。その間、多くの氷河を訪ね歩いたが、その不思議な緑藻のことが頭から離れることはなかった。ある日のこと、ルウェンゾリの氷河の謎を解く機会が突然にやってきた。幸島先生の研究費で、海外の氷河で調査できる予算が採択されたのだった。パートナーには若手の大学院生を二人（千葉大学大学院理学研究科の田中聡太くん、京都大学大学院アジア・アフリカ地域研究科の原 宏輔くん）を誘い、ウガンダ氷河の集中観測にとりかかることになった。

写真7・14　エレナ小屋から氷河までのルート中の岩場．氷河が後退して岩場を登らなければならなくなった．

エレナ小屋までの片道四日の道のりを、前回と同じようにトレッキングして行くが、二月初旬の乾季の後半を選んだおかげで道は乾いていてとても歩きやすかった。登山道も所々改良されて、狭い谷間には鉄製の階段がついていたり、真っ平らな湿原にはまっすぐにのびる木道ができていたり、ブジュク小屋は新しくなっていた。七年間でさまざまな変化があったが、もっとも驚いたのは、エレナ氷河へのルートが氷河の後退とともに変化していたことだった。

エレナ小屋からは固定ロープを頼りに岩場を直上していくルートができており、この岩場を越えてしばらく歩くとスタンレープラトーにたどり着いた（写真7・14）。前回は雪に覆われて全容がまったくわからなかった氷河であったが、今回は一面に氷が露出して、そして驚くほどに色が黒かった。とくに氷河の端っこには真っ黒くて、大きな奇妙な塊がたくさんあった（口絵6）。興奮しながらこれらを手に取り、半分に割ってみると肉眼でも何か繊維状のものがブチブチとちぎれていくのがわかった。触った感触は水に戻した硬めの高

写真7・15　謎の塊，氷河ナゲット．氷河の上に大量に分布していた．

野豆腐。これは今まで誰も報告したことのないものだと確信し、ちょうどチキンナゲットくらいの大きさと厚さのものが多かったので、内々でこの塊を「氷河ナゲット」と呼ぶことにした（写真7・15）。

今回は、前回の調査でようすのわからなかったスタンレープラトー全域で、ほぼ氷が露出していた。山の端に残るわずかな雪を試しに掘ってみたが、一メートルも掘るとそこには汚れた氷が存在していた。つまり、この雪は季節的に残っているだけで、新しい雪（氷）の追加はなく、氷河は融けてなくなる一方であることがわかった。氷河上の三ヶ所でアルベドの測定や各種のサンプリングを実施し、大きな魔法瓶にサンプルと氷をたくさん入れて三日かけて下山した。採取した謎の黒い塊は、冷蔵状態で無事に日本の実験室にもち帰ることができたのだ。

保存状態の良い氷河ナゲットを顕微鏡でのぞき込んでみると、やはり前に見たような細長い緑藻がたくさん入っていた（口絵17⑦）。手で割ってみたときにブチブチと切れて見えたのは、どうもこれらであることがわかった。藻類用の一般的な液体培地（ＢＢＭ培地）にサンプルの一部を加えて、四度で一ヶ月ほど気長に培養すると、黒っぽい色をした細胞から真新しい細胞がにょきにょき生えてきているのを確認することができた（写真７・16）。

だいたいどこの氷河でも、もち帰った試料はこのような液体の培地に入れておもしろそうなものが生えてくるのを期待する。だが、たいがいは実際に多く見られる種類ではないマイナーなものが増えてしまい、がっかりしてしまう。しかし、今回は狙っている生き物が難なく増えてくれたのだ。こうなると、細胞の塊から簡単な作業で遺伝子を抽出して、ＰＣＲで目的となる遺伝子を増やしてあげれば、その種が何なのかわかる。

新しく生えてきた細胞は、見た目には緑藻類の中でも、マリモ *Aegagropila linnaei* の仲間に近そうに見えたので（写真７・17）、マリモに関する文献を探しはじめ、「氷河ナゲット」よりも「氷河マリモ」という名を当ててみようと企みはじめた。

ところが真核微生物のおおまかな分類に使われるリボソーム遺伝子（18S rRNA 遺伝子）をＰＣＲで増幅させて、遺伝子配列を読んでみると、まったく緑藻類には当てはまらず、代わりに聞いたこともないコケの遺伝子に近かった。

これまで積雪やアイスコアなど、かなり細胞の数が少ないサンプルの遺伝子増幅を何度もやってきていた。なので、たくさんに増えた培養株の遺伝子増幅を間違えるはずもないと思っていたが、同じような作業を繰り返して確認するも、いつも結果は同じだった。国際的に使われている遺伝子のデータベース

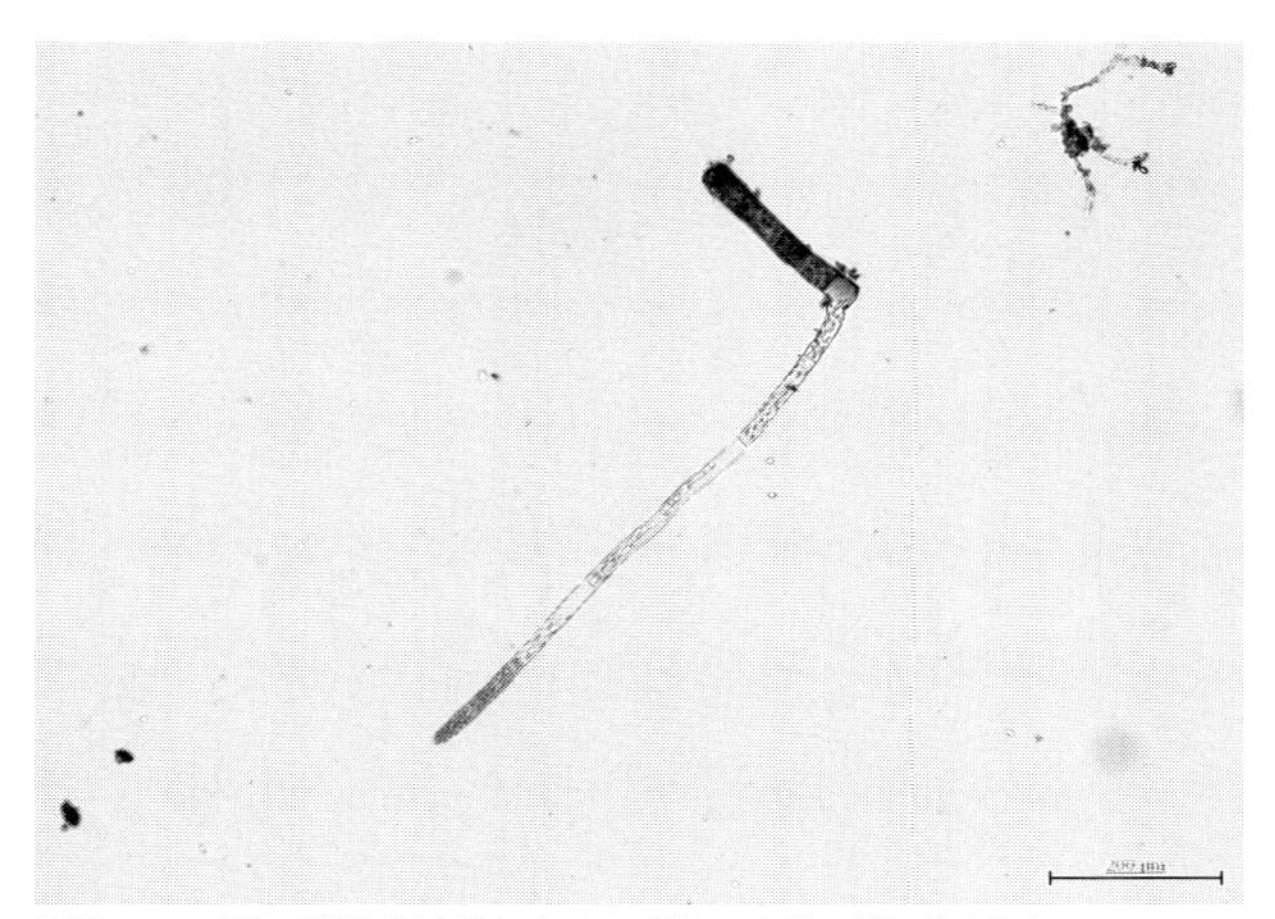

写真7･16　謎の藻類を培養したら，新しい細胞が伸びてきた.

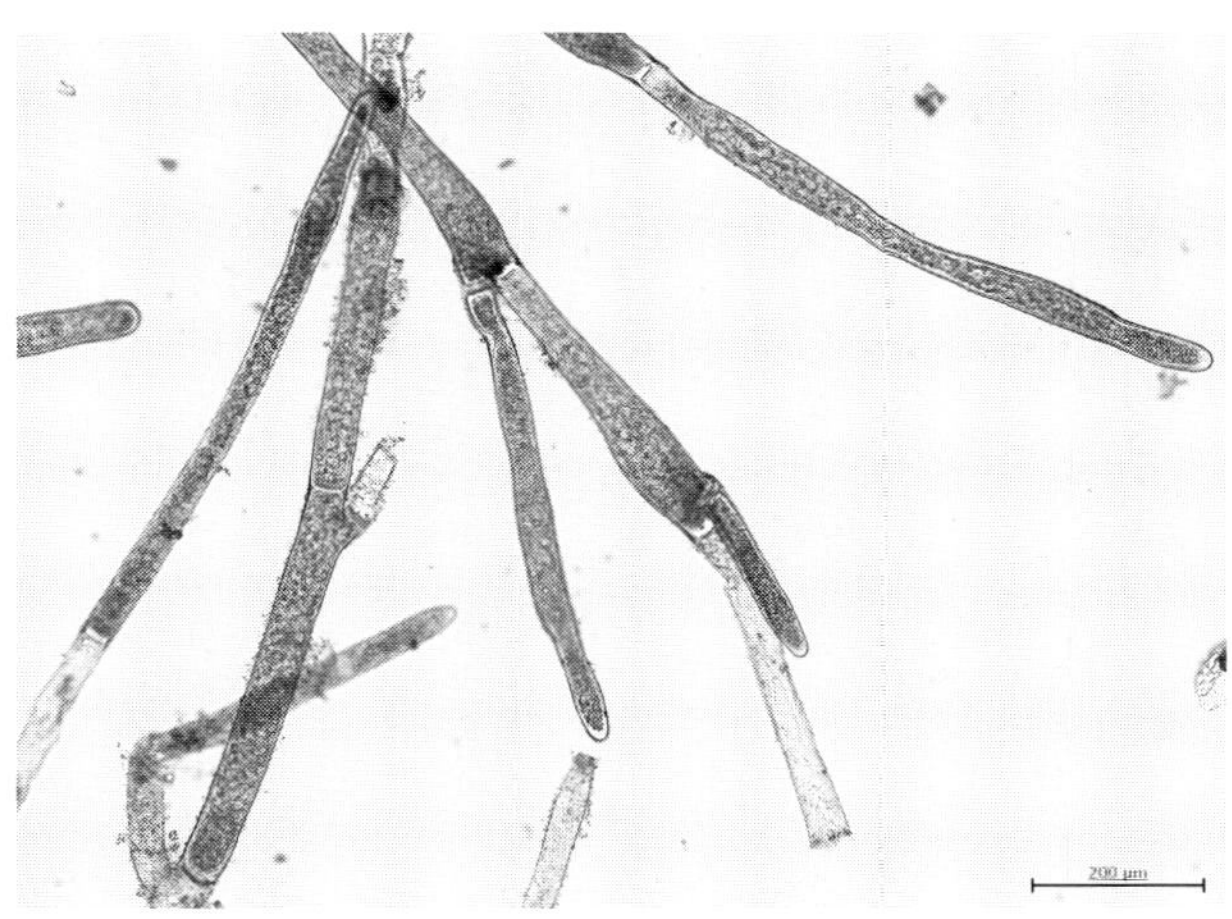

写真7･17　新千歳空港で買ったお土産用の本家マリモ（*Aegagropila linnaei*）.

（GenBank）がおかしいのかと疑い（実際に間違えて登録されていることも多い）、北海道出張の帰りにお土産用のマリモを買って、自前で遺伝子を調べた。しかし、これはマリモの遺伝子とちゃんと一致した。手法は間違いないし、データベースも正しい。

お前はいったい何者なんだ〜！っと叫びだしたくなってきたとき、コケの生活史の一部が、この謎の〝微生物〟とよく似た姿になることを、インターネット検索で偶然に知った。

氷河の上の苔玉

ちょうど極地研の上司が、極地のコケの専門家である伊村 智教授であったので、顕微鏡写真をもってこの話をしに行くと「植竹くん、これはコケの無性芽だよ」と即答された。そして「無性芽ってなんすか？」と聞く無知な私に形態分類に関する文献も教えてくださった。

私が顕微鏡で観察していたのは、コケの無性芽というコケの細胞の一部だった。これらはコケの植物体（一般的に認識されるコケの姿）の一部に形成され、ちぎれて飛んで、そこから新たに植物体が発芽するというものだった。そして培養したマリモのような細胞は、原糸体とよばれるもので、無性芽のみならず胞子などからも発芽して、ふつうにコケとして認識できる状態（植物体）になるまで、周囲にびっしりとコケの細胞を張り巡らせる役目をもっている。コケは陸上植物の進化上の祖先であるが、その生活環においてさらにその祖先である緑藻類に先祖帰りしたようなステージがあったというわけである。

失敗していたかと思っていた私の遺伝子実験は、じつは毎回成功していて、本来あるべきそのコケの名前を最初から指し示していたのだった。このコケは、ヤノウエノアカゴケ *Ceratodon purpureus* という街から、南極、富士山の山頂といった極限的な環境まで、ひじょうに幅広い生息域をもつ種類で、しかも低温ばかりか重金属や排気ガスに汚染された場所でも生育できるとてもタフな種である。学術論文として世に送り出すためには、一ヶ所の遺伝子を解析しただけでは、結果を主張するには弱いので、18S rRNA 遺伝子以外に、葉緑体や、ミトコンドリア遺伝子の分析を追加してみたが、やはりどの分析もヤノウエノアカゴケと遺伝子の一致率が高く、遺伝子と形態両方の結果から、この種はヤノウエノアカゴケと確定された。

この後の一連の研究成果を論文としてまとめるときに、氷河ナゲット（Glacial nugget）という名称を最初はあえて使ってみたが、これは控えた方が良いとの審査結果をもらって、あえなく氷河コケ無性芽集合体（Glacial Moss Gemmae Aggregation: GMGA）という、パッと聞いてもよくわからないマニアックな名称になってしまった。

氷河ナゲットの温度適応

二〇一三年に現地に同行してくれた極地研の田邊優貴子さんにサポートしていただき、この培養株の光合成活性をＰＡＭ法（Pulse Amplitude Modulation）という方法で計ることになった。この計測方法では、

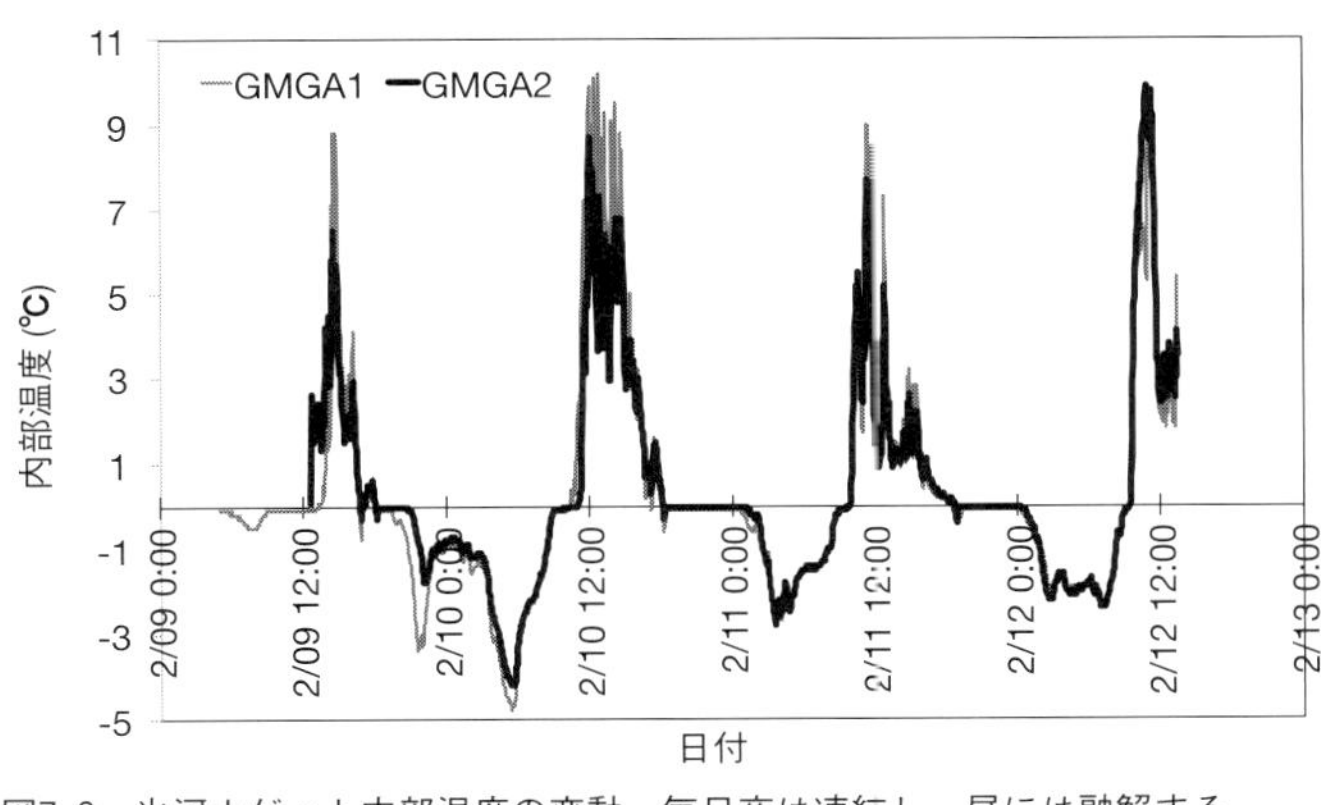

図7・2　氷河ナゲット内部温度の変動．毎日夜は凍結し，昼には融解する．

パルス状になった光を当てることで、さまざまな培養条件で、その時の光合成活性を測れるというメリットがある。今回は培養する温度を五～四十度でいろいろ変化させてあげることで、増殖に最適な温度を見つけることになった。

氷河の表面は、氷の表面が融けているような条件であれば、ほぼだいたい〇℃である。なので、そこに棲む生物もこの温度で生活し増殖しているわけである。分析の結果、このコケの場合は五度でも活性があるものの、二十五度くらいがもっとも光合成の活性が高く、氷河の表面よりも温度が高い方が具合が良いことがわかってきた。実際に氷河ナゲットの多い場所は、雪氷藻類などが大量に繁殖して厚く積み重なっているところが多く、その表面の温度は日射の影響で十度くらいまで上昇し、内部も温かくなっていた（図7・2）。これまでに氷河上で報告のなかったコケが氷河上に進出できた理由の一つには、この温度の上昇による生理活性の向上があったのではないかと推測している。

写真7・18
前年度の氷河表面（矢印）と氷河表面の高さ（年間低下量）を図るシニアポーターのジョン.

温かな氷河生態系

この氷河には表面低下量を計測するために、トレッキング二日目に山中から切り出した長さ三メートル以上の竹竿を何本も立てておいた。前年の表面に付けられたビニールテープの位置からその年の表面までの高さを測ることで、一年間の氷の低下量を実測することができる（写真7・18）。二〇一四年二月～二〇一五年二月までの一年間では、多い所で一・六メートル、少ないところでは〇・二メートル融けていた。グリーンランドの場合も、だいたい同じくらいだったので、この値は思ったほど多いものではなかった。なので、私たちが調査をしていた乾季以外の時期の影響がとても強いように思えた。

私たちが調査をおこなっている乾季は表面低下のスピードはとても早くて、一日で数センチ

雨季（2014.4.22）

乾季（2014.7.4）

写真7・19　温度の季節変動はないが、雨季と乾季で表面状態は大きく異なる。ウガンダの氷河のナゾを解くためのキーワードの一つだ.

メートルくらいは低下している日もある。ところがはっきりとした乾季は八～九月、一～二月のみで、それ以外の時は雪に覆われていることが多い。そのため雪面のアルベドは高く、表面の低下はそれほど大きくないと考えられる。実際に氷河上に設置したインターバルカメラには、この季節変動がはっきりと記録されており、この氷河はかなり頻繁に雪に覆われていることがわかった（写真7・19）。

積雪はめまぐるしく変化する一方で、同じ場所の気温は、雨季乾季にかぎらず昼間は五度まで上がって、夜はマイナス五度まで下がるという変動が、ほとんど変わらず一年中続いていた。そうなると氷河は雪には覆われるものの、雪の中は常に〇度付近の温度が保たれているので、液体の水が存在して、微生物が増殖する条件が一年をとおして整っていることになる。

数ヶ月間の短い夏以外はずっと氷点下の氷に閉ざされている北極とはずいぶん違う微生物が棲んでいるだ

ろうと想像していた。実際に、中に入っているバクテリアの群集構造を、16SrRNA遺伝子を使って網羅的に解析してみると、これまで研究してきた氷河では一般的に見られないような種が多くみられ（氷河ではあまり一般的でないPlanctomycetesがみられ、またナゲットではChloroflexiの比率がひじょうに高かった）、氷河の中でもかなり特殊な生態系であることがわかってきている（口絵23）。

高山生態系を育む雪氷生物

二〇一二年に二回目に訪れた時、氷河ナゲットがあちこちに散らばって、氷河が真っ黒になっていた。この光景を見たときは、あまりの黒さと量に度肝を抜かれたが、氷河の周辺もまたすごかった。氷河が融けてむき出しになった岩の上に、大量の乾燥した氷河ナゲットがのっていたからだ（口絵7）。正体を知らない人が見たら、何かの糞が乾燥したものかと間違えて、けっして手に触れることはないだろう。私はこれをせっせと集めて、氷河から一メートルほど離れた乾燥ナゲットには、ふつうの形をしたコケが生えているのを見つけた（写真7・20）。

氷河ナゲットを作るヤノウエノアカゴケが、氷河の外に出てきて元気に植物体を作り、氷河に胞子を飛ばして再び戻る、というサイクルを頭に描きはじめていた。だが遺伝子を使って氷河の外にいたコケを同定してみると、まったく別の種類（*Bryum* sp.）であることがわかった。

つまり氷河ナゲットを作っているコケは、冷たい氷河の上で地道に安定した環境を作ってきたにもかか

写真7・20　氷河の外に出た氷河ナゲットにはふつうのコケが生えていたが，ナゲットを作るコケ（ヤノウエノアカゴケ）とは違う種類だった．

わらず、外に出たとたんに他の種に乗っとられてしまうのだ。ただ生態学的な観点からみてみると、これはけっこうおもしろい発見で、氷河ナゲットが氷河と氷河の外の生態系をつなげる役目をしているともいえる。不思議な植物が生い茂る熱帯高山生態系の第一歩は、じつは氷河からはじまっているのかもしれない。

熱帯氷河の未来

この特殊な生態系が育まれている氷河は融け続けていて、残りはごくわずかである。十〜二十年という近い将来に確実にやってくるこの氷河の消滅は、氷河の上の生態系をも消滅させてしまうだろう。そうすると融解し続ける氷の上の水を使って、周囲よりもはるかに高くなっていた生物生産はストップしてしまい、周辺の生態系にも何らかの影響をおよぼすであろう。

そして、氷河の残る熱帯の山という観光資源としてのエキゾチックな魅力も半減させ、登山者数も減ってしまうかもしれない。登山の道中で、ルウェンゾリ山の麓に住むバコンジョ族のガイド、コック、ポーターたちと日本のこと、ウガンダのこと、家族のこと、たわいもないこと、いろいろなことを話すが、彼らは村の貴重な現金収入をもたらす登山客が氷河の消滅とともにやってこなくなるのではないか、という漠然とした不安感をもっている。また、氷の減少により最高峰へのルートが、滑り止めをつければ歩行の容易な氷の上から、切り立った滑りやすい岩場を越えざるをえなくなり、初心者には難易度が高い山となってしまう。

この氷河に来るたびに、ちっぽけな自分が研究というものをつうじて、ここの生態のため、地域の人々のために何ができるのだろうかと考える。

気候変動という大きな流れのなかでは、自分の活動は、直接的な影響力はまったくない。氷河が消えてなくなってしまうからといって、融けないように何か働きかけるつもりなどもない。ただ、こんな私にもできることは、誰も見向きもしなかった氷河の上の生態の現状とその消えゆくさまを記録に残すことぐらいなのかと思っている。このような現象は、このウガンダにかぎったことではない。けっして面積としては広くはないが、熱帯の各地で起きている現象だ。その事実を突き止めるべく、次なる調査を企画しはじめた。

おわりに――次なる旅へ

旅の機会に恵まれ、多くの人々と微生物に出会い、私の人生は大きく変わった。しかし、この旅はどこに向かっているのか、本人もまったくよくわからないまま今も続いている。

ウガンダで見つけた熱帯氷河生態系の奇妙さにハマってしまって、その後、いろいろな機会をつくっては、隣国のケニア、南米のコロンビアなど他の熱帯氷河の調査に出かけた。最近では、氷河の微生物はどこからやってくるのだろうかと疑問に思い、氷河の外の土壌や空気というものに興味をもちはじめてきた。しかし、大気の微生物は日本の国内ですらろくに研究例がないことがわかり、国内（東京スカイツリー）を中心に、アメリカの砂漠、南極と、それはそれで新たなフィールドに行くようになってきた。いろいろ興味をもった場所に、その場所ごとに適したトピックを見いだし、予期せぬトラブルをかいくぐって訪ね歩く。それが私のフィールドワークであり、ふつうのフィールドワークのやり方だと長年思ってきた。

しかし、最近になってようやくこれが一般的なフィールドワーク研究の仕方とはずいぶん違うということを、ようやく認識しはじめてきた。だいたいのフィールドワークは、すでに確固たる研究場所が決まっており、長年の研究の蓄積に基づいてその歴史をアップデートしていくような感じで、洗練されているからだ。そういう点からすると、少人数で乗り込んでいく私のフィールドワークから得られることはとても浅く、そして中身も雑だ。

このおわりにを執筆中に、進路に悩む若者たちと話をしていたら、学生やポスドクなりたての時に、自分の学会発表が他の人たちと比べて、背景、理論、データ、すべてにおいて量的にも質的にも劣っていて、悔しい思いを何度もしたことを思い出した。緊張しながら終えたはじめての英語での口頭発表の後、他の分野の偉い先生から「君はなっていない」と直接罵られたりもした。自分は研究というものをできているのだろうか？といつも悩んでいた。そんな時、これは本当に些細でくだらないことだけど自分だけが知っている事実なのだ、もっと何かしないといけないという気持ちになり、再びフィールドへと足を運ぶ原動力とした。

幸いにも先々では個性豊かな研究者の方々や微生物との出会いが待っており、雑談をしていると、これまでになかった新しい研究のアイデアが湧き上がり、またなぜか次のフィールドへの手がかりができたりしたのだ。

南米パタゴニアの酒場で松元高峰さん（現・新潟大学、当時パタゴニア研究所の研究員）となかば冗談で「カリブ海の見える氷河に行ってみたいですね～」などとビール片手に適当なことを言っていたら、コロンビア人の氷河研究者（Jorge Luis Cebalos さん）との出会いが生まれ、突如コロンビアの氷河を訪問することになった（ここには、これまでにないタイプの緑藻が多かった。口絵17）。また会ったこともないケニア人の微生物生態学者（Hamaddi Boga さん）に、「あなたの国の山の氷河は微生物の宝庫かもしれないけど、あと十年で無くなってしまうから、いっしょに研究しませんか？」とメールで突然お誘いしたら、文部科学省のサポートを受けてケニア山での本格的な共同研究をはじめられることになった。

コロンビアでは、私の知らないところで勝手にJorgeさんが、氷河微生物の多様性に関する国家予算を獲得してきていて、一度きりかと思っていたのに、また行くことになりそうだ。また、ケニアではこれまで氷河を見たこともなかったケニア人の大学院生に、氷河の微生物研究の指導をすることになった。あまり周りに対する責任など考えないで好き勝手に動いてきただけなのだが、私の活動が各地で新たな芽を育みはじめていることをとても嬉しく、そして誇りに思う。

こんな活動をする力を身につけられるようになったのは、なんといっても幸島先生の熱心な〝放任指導〟（つまり何も教えない）のおかげだ。論文なんて読むなと言われ、何をしていいのか何度も路頭に迷いそうにもなったが、どうにか自力でおもしろいものを見つけだす、サバイバル術を（間接的に）教えてくださったことに感謝いたします。

そして、多くの人の支えがあったからこそ、これまでの研究は成り立ってきた。なんだかどこを向いているのかわからない私の研究の基盤を技術補助、一般事務作業で支えてきてくれた菅　美良さん、米村恵子さん、船木　恵さん、藤原峰子さん、菅野菜々子さん、森　瑞穂さん、秋吉歩美さん、渡辺憲一さん、服部典子さん、寺嶋香織さん他、極地研、情報・システム研究機構、京大の事務職員のみなさまには間接的に調査を支援していただきましたことを感謝いたします。

新領域融合研究センターでは、神田啓史先生、本山秀明先生のお二方が、私の奔放な（いや、よく言えば学際的な）活動を許容してくださいました。こんなに好き勝手にやらせてもらえたことを深く感謝いたします。

氷河のフィールドを自分の思ったように動き回るには登山の技術がとても役に立った。沢登りや山スキーなどをつうじて、自分と自然との距離のはかり方を教えてくださった山好会の山本雅夫さん、難易度の高い山スキーの初滑降記録を常に狙い続けながらも、危険を誰よりも早く察知し、リスクを減らす行動方法を教えてくれた、ぶなの会のスキーアルピニスト三浦大介さん（http://skialpinist.blog92.fc2.com）に感謝いたします。

フィールドに出るといつもより強く家族のことを意識する。両親はまともな子になるよう熱心に教育してくれたが、両親の思い描いたような立派な大人になれておらず、気の毒に思ってしまうが、それでもずっと応援し続けてくれていることに感謝します。

そして妻のことはフィールドへの登山がきつければきついほどよく思い出す。小さい子どもたち（長男 湧 六歳、長女 湊 一歳）がいるにもかかわらず、快く送り出してくれ、留守を守ってくれている。自分ばかりが人の行けないようなところに行ってしまっている。子育てが一段落してきたら、いつか私が行ってきたようなフィールドをいっしょに体験できたらと思う。それまでにまともな職につけるかもわかっていないので確約できないが、持ち前の楽観さでいっしょについてきてくれたらうれしく思う。

次なる旅は北極スヴァールバルとケニアだ。北極では氷河の上にいる窒素固定をするシアノバクテリアのノストックや海洋から飛んでくるバイオエアロゾルなどさまざまなトピックを、新しい仲間たちといっしょに取り組んでいく。ケニアは、これまでやろうと思ってできなかった氷河全体の微生物叢のマッピングと環境要因の影響を見ようと思っている。これはケニア人学生の学位をとるためのメインの研究になるかもしれない。

これらのフィールドも、予期しなかったようなことがたくさん待ち構えているだろう。だけれども自分の一歩一歩が確実に新たな道を切り開いていくであろうことを信じて、前をしっかり向いて歩き続けていきたい。

最後に本書を手に取っていただいた読者のみなさまに感謝いたします。内容のほとんどが私の旅行記のようになってしまい、期待に沿えていないかもしれません。本書からみなさまが少しでも感じること、得られることがあれば幸いです。

参考図書

松林尚志（2009）熱帯アジア動物記（フィールドの生物学①）。東海大学出版会、200頁。

関口雄祐（2010）イルカを食べちゃダメですか？―科学者の追い込み漁体験記。光文社、222頁。

金森朝子（2013）野生のオランウータンを追いかけて―マレーシアに生きる世界最大の樹上生活者（フィールドの生物学⑪）．東海大学出版会、232頁。

久世濃子（2013）オランウータンってどんな『ヒト』？（あさがく選書５）。朝日学生新聞社、176頁。

Communities of algae and cyanobacteria on glaciers in west Greenland. Polar Sci. 4: 71–80.
Uetake, J., Kohshima, S., Nakazawa, F., Takeuchi, N., Fujita, K., Miyake, T. and Nakawo, M. (2011). Evidence for propagation of cold-adapted yeast in an ice core from a Siberian Altai glacier. *Journal of Geophysical Research, 116*, G01019, doi:10.1029/2010JG001337. http://doi.org/10.1029/2010JG001337
Uetake J, Sakai A, Matsuda Y, Fujita K, Narita H, Matoba S, Duan K, Nakawo M, and Yao T. (2006). Preliminary observations of sub-surface and shallow ice core at July 1st Glacier, China in 2002-2004. Bull. Glaciol. Res. 23: 85–93.
Uetake J., Tanaka S., Segawa T., Takeuchi N., Nagatsuka N., Motoyama, H. and Aoki T. (2016) Microbial community variation in cryoconite granules on Qaanaaq Glacier, NW Greenland. FEMS microbial ecology 掲載予定
Uetake, J., Yoshimura, Y., Nagatsuka, N. and Kanda, H. (2012). Isolation of oligotrophic yeasts from supraglacial environments of different altitude on the Gulkana Glacier (Alaska). *FEMS Microbiology Ecology, 82*(2), 279–86. http://doi.org/10.1111/j.1574-6941.2012.01323.x
Remias, D., Holzinger, A., Aigner, S. and Lütz, C. (2011). Ecophysiology and ultrastructure of Ancylonema nordenskiöldii (Zygnematales, Streptophyta), causing brown ice on glaciers in Svalbard (high arctic). *Polar Biology, 35*(6), 899–908. http://doi.org/10.1007/s00300-011-1135-6
Remias, D., Holzinger, A. and Lütz, C. (2009). Physiology, ultrastructure and habitat of the ice alga Mesotaenium berggrenii (Zygnemaphyceae, Chlorophyta) from glaciers in the European Alps. *Journal Information, 48*(July), 302–312. http://doi.org/10.2216/08-13.1.Mesotaenium
Wientjes, I. G. M., Van de Wal, R. S. W., Reichart, G. J., Sluijs, a., & Oerlemans, J. (2011). Dust from the dark region in the western ablation zone of the Greenland ice sheet. *The Cryosphere, 5*(3), 589–601. http://doi.org/10.5194/tc-5-589-2011
Yallop, M. L., Anesio, A. M., Perkins, R. G., Cook, J., Telling, J., Fagan, D. and Roberts, N. W. (2012). Photophysiology and albedo-changing potential of the ice algal community on the surface of the Greenland ice sheet. *The ISME Journal, 6*, 2302–2313. http://doi.org/10.1038/ismej.2012.107

Greenland ice sheet in 2012. *Geophysical Research Letters, 39*(20), 6–11. http://doi.org/10.1029/2012GL053611
日本雪氷学会 編（2014）新版　雪氷辞典。古今書院、315頁。
Okamoto, S., Fujita, K., Narita, H., Uetake, J., Takeuchi, N., Miyake, T., … Nakawo, M. (2011). Reevaluation of the reconstruction of summer temperatures from melt features in Belukha ice cores, Siberian Altai. *Journal of Geophysical Research, 116*(D2), 1–11. http://doi.org/10.1029/2010JD013977
Segawa, T., Takeuchi, N., Ushida, K., Kanda, H. and Kohshima, S. (2010). Altitudinal Changes in a Bacterial Community on Gulkana Glacier in Alaska. *Microbes and Environments, 25*(3), 171–182. http://doi.org/10.1264/jsme2.ME10119
Segawa, T., Yoshimura, Y., Watanabe, K., Kanda, H. and Kohshima, S. (2011). Community structure of culturable bacteria on surface of Gulkana Glacier, Alaska. *Polar Science, 5*(1), 41–51. http://doi.org/10.1016/j.polar.2010.12.002
Takeuchi, N. (2001). The altitudinal distribution of snow algae on an Alaska glacier (Gulkana Glacier in the Alaska Range). *Hydrological Processes, 15*, 3447– 3459. http://doi.org/10.1002/hyp.1040
Takeuchi, N., Dial, R., Kohshima, S., Segawa, T. and Uetake, J. (2006). Spatial distribution and abundance of red snow algae on the Harding Icefield, Alaska derived from a satellite image. *Geophysical Research Letters, 33*(21), L21502. http://doi.org/10.1029/2006GL027819
Takeuchi, N., Nishiyama, H. and Li, Z. (2010). Structure and formation process of cryoconite granules on Urumqi glacier No. 1, Tien Shan, China. *Annals Of Glaciology, 51*(56), 9–14.
Takeuchi, N., Matsuda, Y., Sakai, A., & Fujita, K. (2005). A large amount of biogenic surface dust (cryoconite) on a glacier in the Qilian Mountains, China. *Bulletin of Glaciological Research, 22*, 1–8. Retrieved from http://www-es.s.chiba-u.ac.jp/~takeuchi/pdf/05bgr_qiyicryo_p.pdf
植竹 淳（2007）アルタイ山脈の氷河における生物学的アイスコア解析（博士論文）。東京工業大学、生命理工学研究科生体システム専攻 03D22016。
Uetake J, Kohshima S, Nakazawa F, Suzuki K, Kohno M, Kameda T, Arkhipov S. and Fujii Y. (2006) Biological ice-core analysis of Sofiyskiy glacier in the Russian Altai. Ann. Glaciol. 43: 70–78.
Uetake J, Naganuma T, Hebsgaard MB, Kanda H. and Kohshima S (2010)

文献

福井幸太郎・飯田 肇（2012）飛騨山脈、立山・剱山域の三つの多年性雪渓の氷厚と流動。雪氷、74巻3号213-222。

Gerdel, R. and Drouet, F. (1960). THE CRYOCONITE OF THE THULE AREA, GREENLAND. *Transactions of the American Microscopical Society, 79*(3), 256–272. Retrieved from http://www.jstor.org/stable/3223732

Kameda. (2003). Seasonality of isotopic and chemical species and biomass burning signal remaining in wet snow in accumulation area of Sofiyskiy Glacier, Russian Altai Mountains. *Polar Meteorol. Glaciol, 17*, 15–24.

Kol, E. and J. A. Peterson. 1976. The equatorial glaciers of New Guinea, results of the 1971–1973, Australian universities' expeditions to Irian Jaya: survey, glaciology, meteorology, biology and paleoenvironments, p. 81–91. In G. S. Hope, J. A. Peterson, U. Radak, and I. Allison (ed.), Cryociology. Balkema, Rotterdam, The Netherlands.

三宅隆之・植竹 淳・的場澄人・坂井亜規子・藤田耕史・藤井理行・姚檀 棟 _・中尾正義（2014）中国西部・七一氷河における表面の雪と氷および降水の化学組成。 雪氷、76（1）（1）、3-17。

Morris, C. E., Sands, D. C., Vinatzer, B. a, Glaux, C., Guilbaud, C., Buffière, A., … Thompson, B. M. (2008). The life history of the plant pathogen Pseudomonas syringae is linked to the water cycle. *The ISME Journal, 2*(3), 321–34. http://doi.org/10.1038/ismej.2007.113.

水野一晴・中村俊夫（1999）ケニア山、Tyndall 氷河に おける環境変遷と植生の遷移― Tyndall 氷河より1997年に発見されたヒョウの遺体の意義。地学雑誌、108、18-30。

村上 匠（2012）氷河無脊椎動物における共生細菌叢の解析。（修士論文）東京工業大学、生命理工学研究科生体システム専攻11M22216。

Nagatsuka, N., Takeuchi, N., Uetake, J. and Shimada, R. (2014). Mineralogical composition of cryoconite on glaciers in northwest Greenland. *Bulletin of Glaciological Research, 32*, 107–114. http://doi.org/10.5331/bgr.32.107

Nagatsuka, N., Takeuchi, N., Nakano, T., Kokado, E. and Li, Z. (2010). ¨ru Sr, Nd and Pb stable isotopes of surface dust on U ¨ mqi glacier No. 1 in western China. *Annals Of Glaciology, 51*(56), 95–105.

Nghiem, S. V., Hall, D. K., Mote, T. L., Tedesco, M., Albert, M. R., Keegan, K. and Neumann, G. (2012). The extreme melt across the

著者紹介

植竹 淳（うえたけ　じゅん）

1978年生まれ

東京工業大学生命理工学研究科　博士課程修了　博士（理学）

国立極地研究所・国際北極研究センター　研究員

専門：雪氷微生物学

平成18年　日本雪氷学会全国大会 VIP 賞　受賞

著書：『新版 雪氷事典—地球環境を黒河に探る』（分担執筆　古今書院）

装丁　中野達彦

カバーイラスト　北村公司

フィールドの生物学⑲

雪と氷の世界を旅して

—氷河の微生物から環境変動を探る—

2016年 8 月20日　第 1 版第 1 刷発行

著　者　植竹 淳

発行者　橋本敏明

発行所　東海大学出版部

〒259-1292 神奈川県平塚市北金目4-1-1

TEL 0463-58-7811　FAX 0463-58-7833

URL http://www.press.tokai.ac.jp/

振替　00100-5-46614

印刷所　港北出版印刷株式会社

製本所　誠製本株式会社

ISBN978-4-486-02000-4